週期表
一讀就通

周期表に強くなる！ 改訂版
身近な例から知る元素の構造と特性

H
Li Be
Na Mg
K Ca Sc Ti V Cr Mn Fe Co Ni Cu Zn Ga Ge As Se Br Kr
Rb Sr Y Zr Nb Mo Tc Ru Rh Pd Ag Cd In Sn Sb Te I Xe
Cs Ba La Hf Ta W Re Os Ir Pt Au Hg Tl Pb Bi Po At Rn
Fr Ra Ac Rf Db Sg Bh Hs Mt Ds Rg Cn Nh Fl Mc Lv Ts Og

He
B C N O F Ne
Al Si P S Cl Ar

Ce Pr Nd Pm Sm Eu Gd Tb Dy Ho Er Tm Yb Lu
Th Pa U Np Pu Am Cm Bk Cf Es Fm Md No Lr

齋藤勝裕 著　　衛宮紘 譯

序言

　　本書主要是透過週期表來讓大家瞭解原子的結構、性質及反應性。說到週期表，可能會讓人想起高中時期需要死背的無趣化學，從而感到心情低落吧。不過，本書絕對不是那種艱澀古板的教科書，而是能夠帶領大家輕鬆愉快地進入週期表與化學世界的輕鬆讀物。

　　宇宙是由物質構成，而所有物質皆是由原子組成。宇宙中的物質種類有無限多種，但構成物質的原子卻僅有90種左右。這90多種的原子會集結成分子，再由分子結合成物質。

　　原子的結構單純，整體看來宛如由雲朵構成的球體，正中央有著小小的原子核，周圍纏繞著雲狀般的電子雲。原子核帶有＋1電荷的質子，質子個數為原子的原子序Z；而構成電子雲的電子則帶有－1電荷，電子個數跟質子個數相同。因此，整個原子會呈現電中性。

　　將這些原子集結成的元素，按照原子序Z的順序排成元素的行列後，會發現有趣的事情：Z＝1的氫、Z＝3的鋰、Z

＝11的鈉、Z＝19的鉀，皆容易形成＋1的陽離子，彼此間都具有相似的性質。週期表就是像這樣反覆縱向排列相似性質的元素，其原理跟每7天循環一次的日曆相同，就像是日曆最左端，不論上下，排列的都是快樂的星期天，週期表左端的第一族元素也皆具有類似的性質及反應性。

瞭解這件事情後再來看週期表，就能夠在某種程度上推測出元素的性質，像是可知第一族元素容易形成1價陽離子、第二族元素容易形成2價陽離子等等。這就是週期表的價值與意義。

由週期表可知，構成奧林匹克獎牌的金、銀、銅都排列在週期表的第十一族，與金、銀同為貴金屬的鉑、鈀則排列在金、銀的左邊。

經常作為原子爐燃料的鈾、鈽，是位於週期表底部的超重元素，而被期待未來可以作為原子爐燃料的釷，也屬於超重元素。

最近蔚為話題的稀土金屬，本身具有發光性、磁性等特異性質，成為了雷射、儲存元件等產業上不可或缺的原料。另外，像是在可以製成強力磁鐵來實現超小型馬達等現代科學方面，也廣泛運用到了稀土元素。稀土金屬是第三族元素的一部分，全部共有17種元素。

然而，其中有15種元素不列入週期表的主表，而像是附屬品般列於週期表下方的副表中，這15種元素就像是十五胞胎般具有類似的性質。實際上，稀土元素也因彼此具有類似性質而難以分離開。

週期表對應著元素的結構，尤其忠實地對應了電子組態，而電子組態會影響原子的性質和反應性，所以週期表也理所當然地會對應原子的性質及反應性。

讀完本書後會驚訝地發現，高中時期覺得艱難的週期表，竟然如此栩栩如生、深具魅力。透過本書親近週期表後，相信大家也會開始覺得化學平易近人，進而成為化學的粉絲的。

最後，感謝致力於本書付梓的SB Creative的石周子先生、品田洋介先生、為本書描繪有趣插圖的井口千穗小姐、參考書籍的作者們以及出版社同仁。

齋藤勝裕

目　錄

週期表一讀就通

第 1 章

原子是什麼東西？

椭圓週期表

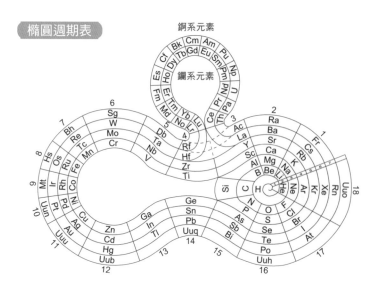

118元素週期表

	1	2	3	4	5	6	7	8	9
1	₁H 氫								
2	₃Li 鋰	₄Be 鈹							
3	₁₁Na 鈉	₁₂Mg 鎂							
4	₁₉K 鉀	₂₀Ca 鈣	₂₁Sc 鈧	₂₂Ti 鈦	₂₃V 釩	₂₄Cr 鉻	₂₅Mn 錳	₂₆Fe 鐵	₂₇Co 鈷
5	₃₇Rb 銣	₃₈Sr 鍶	₃₉Y 釔	₄₀Zr 鋯	₄₁Nb 鈮	₄₂Mo 鉬	₄₃Tc 鎝	₄₄Ru 釕	₄₅Rh 銠
6	₅₅Cs 銫	₅₆Ba 鋇	鑭系	₇₂Hf 鉿	₇₃Ta 鉭	₇₄W 鎢	₇₅Re 錸	₇₆Os 鋨	₇₇Ir 銥
7	₈₇Fr 鍅	₈₈Ra 鐳	錒系	₁₀₄Rf 鑪	₁₀₅Db 𨧀	₁₀₆Sg 𨭎	₁₀₇Bh 𨨏	₁₀₈Hs 𨭆	₁₀₉Mt 䥑

鑭系	₅₇La 鑭	₅₈Ce 鈰	₅₉Pr 鐠	₆₀Nd 釹	₆₁Pm 鉕	₆₂Sm 釤	₆₃Eu 銪
錒系	₈₉Ac 錒	₉₀Th 釷	₉₁Pa 鏷	₉₂U 鈾	₉₃Np 錼	₉₄Pu 鈽	₉₅Am 鎇

本書會解說週期表的元素排列規則、族、週期元素的共通性質，以及各個元素的特性。只要分別從縱向、橫向元素群來看週期表，肯定能夠加深對週期表的理解。在第1章中，我們就先來複習原子的基礎知識吧。

10	11	12	13	14	15	16	17	18
								2He 氦
			5B 硼	6C 碳	7N 氮	8O 氧	9F 氟	10Ne 氖
			13Al 鋁	14Si 矽	15P 磷	16S 硫	17Cl 氯	18Ar 氬
28Ni 鎳	29Cu 銅	30Zn 鋅	31Ga 鎵	32Ge 鍺	33As 砷	34Se 硒	35Br 溴	36Kr 氪
46Pd 鈀	47Ag 銀	48Cd 鎘	49In 銦	50Sn 錫	51Sb 銻	52Te 碲	53I 碘	54Xe 氙
78Pt 鉑	79Au 金	80Hg 汞	81Tl 鉈	82Pb 鉛	83Bi 鉍	84Po 釙	85At 砈	86Rn 氡
110Ds 鐽	111Rg 錀	112Cn 鎶	113Nh 鉨	114Fl 鈇	115Mc 鏌	116Lv 鉝	117Ts 硱	118Og 鿫
64Gd 釓	65Tb 鋱	66Dy 鏑	67Ho 鈥	68Er 鉺	69Tm 銩	70Yb 鐿	71Lu 鎦	
96Cm 鋦	97Bk 鉳	98Cf 鉲	99Es 鑀	100Fm 鐨	101Md 鍆	102No 鍩	103Lr 鐒	

1-1 原子是怎麼形成的？

　　宇宙是由物質構成，而物質的種類多到可以堪稱無限。所有物質皆是由原子組成，那麼原子的種類也是無限多嗎？答案是否定的。原子的種類少到令人吃驚，且會因計數方式不同而不同，這邊就先瞭解原子約有90種就好。

　　90多種的原子，就能組成無限多種的物質。其中的「機制」留到後面再來講解，這邊先比喻成英文字母和單字個數。英文僅有26個字母，但所能組成的單字個數卻有無限多個。

❶宇宙的誕生

　　據說，宇宙源於約137億年前的大霹靂（Big Bang）。當時，「宇宙之素」突然大爆炸而產生原子、時間及空間，所以大霹靂正是萬物的起源。

❷原子的誕生

　　當時，宇宙之素碎散成氫元素H，像是雲朵般向外擴散並有濃淡之分。濃的地方重力大，會吸引周圍的「氫雲」使其變濃，讓中心的壓力攀升。不久，中心會因摩擦熱而轉為高溫高壓的環境，發生2個氫原子融合成1個氦原子的核融合反應，並產生巨大的能量，創生出如太陽等等的恆星。

　　恆星再進一步核融合後，3個氦原子轉成1個碳原子C，就這樣陸續生成更大的原子。恆星堪稱原子的誕生之地，但核融合能生成的原子僅到鐵Fe為止，比鐵更大的原子則無法經由核融合產生。

　　因此，結構成分為鐵Fe的恆星，因為無法進一步核融合產生能量，所以會逐漸失去能量而收縮。不久，某恆星因質量與能量失

衡，引發大爆炸後就產生了比鐵更大的原子。

　　宇宙就像這樣誕生了約90種的原子，原子集結成行星後，轉變成各種物質，之後再形成生物。這些原子組成的名冊，就是所謂的週期表。

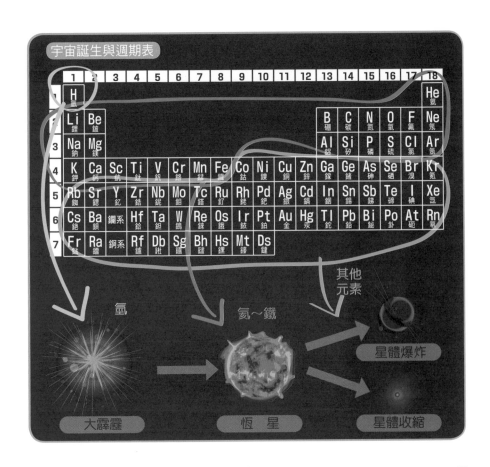

週期表是按照大小（原子序）順序來排列元素，並在適當的地方折返後循環。而日曆也是按照大小順序排列，每7天一個循環。因此，週期表可比喻為元素的日曆。

❶原子與元素

本書講述的內容是週期表，希望讀者能夠藉此重新審視化學。因此，即便是很基本的觀念，也不應該敷衍過去，而是認真釐清有疑問的地方。

其中，化學最先碰到的用語有「元素」和「原子」。前面提到，週期表是按照「原子」序來排列「元素」。那麼，元素和原子是什麼呢？元素和原子是不同的東西，還是相同的概念？

用語的定義難免較為艱澀複雜，若能不提當然是再好不過，但因為可能還是有些讀者想要仔細瞭解，所以還是稍微講解一下。

原子是物質，而元素不是物質。這樣便會衍生新的疑問：物質是什麼？所謂的物質，是指具備有限體積及質量（重量）的物體。因此，原子可如同石頭一般來計數，像是1個、2個或者6×10^{23}（亞佛加厥常數，參見1-6）個。若將來發明出可精密檢測的裝置，也許便可在相片中看到一個個的原子。不過，其實目前已經可以看到稍微模糊的影像了。

❷元素

　　與此相對，「元素」既沒有質量也沒有體積，不是物質而是一種概念，將其想成是統整原子性質的概念，或許比較容易理解吧。

　　就像日本人是指整個國家的人種，而不是單獨的個人。單獨的人可數，但整個人種便不可數。元素就相當於整個的「人種」，而原子就是指單獨的「人」。「人」是一個個的個體，但「日本人」便不是個體，這就是元素和原子的差異。就像是日本人中有著各種不同的人一般，「氫元素」中也有各種不同的「氫原子」。

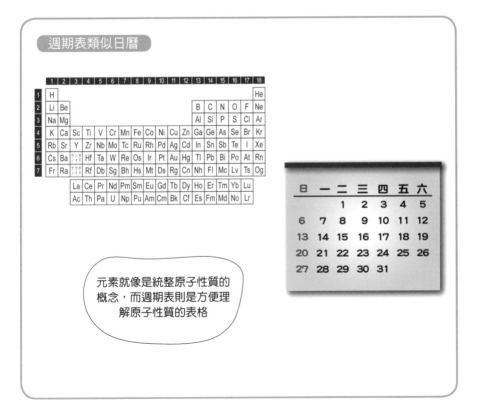

元素就像是統整原子性質的概念，而週期表則是方便理解原子性質的表格

1-3 原子是什麼形狀？

　　沒有人見過原子。我們能夠拍攝原子的位置，也能夠將原子一個個移動，但沒有人真正實際見過原子的形狀。綜合各種實驗結果，目前大多認為原子是一種雲狀的球體。

❶電子雲與原子核

　　原子周圍的雲狀物是被稱為電子雲的複數電子e（electron）集合體。電子帶有負的電荷，而1個電子帶有－1的電荷。電子雲的中心則為原子核，原子核帶有正的電荷。具有Z個電子的原子，其原子核便帶有＋Z電荷，原子核的正電荷（＋Z）會和電子的負電荷（－Z）互相抵銷，於是整個原子就會呈現電中性。

❷原子的大小

　　原子是非常小的粒子，直徑僅僅大約10^{-10}m。若要將原子放大成乒乓球大小，則相同的倍率可以將乒乓球放大到地球那般大，由此可見原子是多麼渺小。

　　而原子核比原子更為渺小，直徑僅約為10^{-14}m，大概相當於原子直徑的萬分之一。換言之，假設原子核的直徑為1cm，原子的直徑就會是10^4cm＝1萬cm＝100m。若將原子比喻成由兩個東京巨蛋組成的巨大銅鑼燒，原子核的大小就僅會有投手丘上的彈珠那麼大。

❸電子雲的性質

　　儘管如此，原子99.9％以上的質量都集中於原子核。電子雲雖然體積巨大，卻如同虛幻的雲朵一般沒有多少質量。然而，真正影響原子性質及反應性的不是原子核而是電子，由電子雲位於原子的外側來看，這可以說是理所當然的結果。觀察其他人的時候，我們看到的是最外側所穿的衣服，少有機會見到對方的裸體（原子核）。對原子來說，最外層的衣服就相當於電子雲，原子和其他原子接觸反應時，最先觸及到的就是電子雲。

　　如上所述，化學反應是電子雲引起的現象。因此，化學可說是研究電子雲的科學。

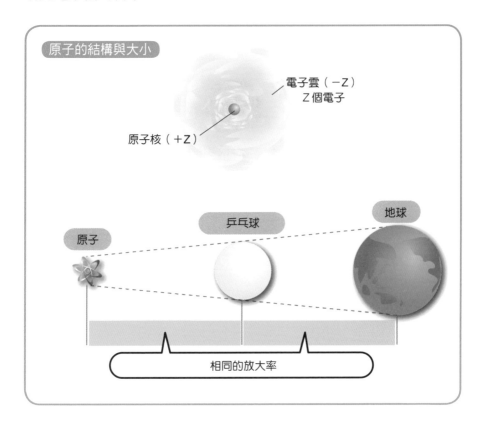

原子的結構與大小

電子雲（－Z）
Z個電子

原子核（＋Z）

乒乓球

地球

原子

相同的放大率

原子可以分成原子核和電子2種粒子，而原子核又可再細分成2種粒子。

❶質子與中子

原子核是由多種粒子所組成，這些粒子稱為核子，主要分為質子p（proton）和中子n（neutron）。質子和中子是質量幾乎相同的粒子，兩者皆表示為質量數＝1。不過，1個質子帶有＋1電荷，而電中性的中子則不帶電荷。

❷原子序與質量數

構成原子核的質子個數即為原子序，符號記為Z。因此，原子序為Z的原子，其原子核具有Z個質子，且帶有＋Z電荷。如上段所述，該原子會具有Z個電子形成的電子雲，所以電子雲的電荷為－Z，正負相消後呈現電中性。

前面有提到原子的性質及反應性皆取決於電子，可知電子的個數Z便是決定原子性質及反應性的重要參數。

另一方面，在原子核中，質子和中子的個數和為質量數，符號記為A。A和Z約定俗成的會分別縮小記於元素符號的左上角和左下角，我們可由A－Z算出構成該原子核的中子個數。

❸核結合能

吸引核子形成1個原子核的力量稱為核結合能，其能量大小和質量數的關係如右表所示，圖形愈往下方結合能（的絕對值）愈大、狀態愈穩定。

由圖可知，在質量數60、原子序60的鐵Fe附近的原子最穩定。因此，比鐵小的原子核，核融合變大時會釋出多餘的能量，這就是核融合能。但比鐵大的原子核，即便融合也不會釋出能量，這就是恆星產生的原子僅到鐵的原因。

與此相對，鈾U等超重原子核，分裂變小時會釋出能量──核分裂能，形成原子爐的能量。

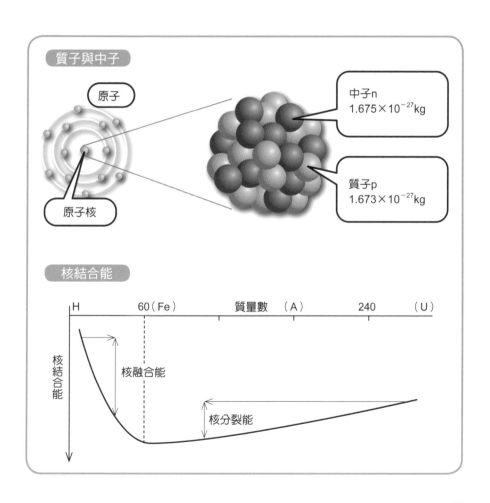

質子與中子

原子

原子核

中子n
1.675×10^{-27}kg

質子p
1.673×10^{-27}kg

核結合能

H　　60（Fe）　　　質量數　（A）　　240　　（U）

核結合能

核融合能

核分裂能

1-5 同位素是什麼東西?

❶同位素

質子數Z相同但中子數不同的原子,彼此稱為同位素。

所有原子都存在同位素,氫原子有3種同位素:^{1}H(H:氫)、^{2}H(D:氘)、^{3}H(T:氚);鈾U則有可作為原子爐燃料的^{235}U、不可作為燃料的^{238}U等。

同位素占天然元素的比例(百分比濃度)稱為同位素豐度(isotopic abundance),即便是相同的元素,豐度也會因產地而異。因此我們可由同位素豐度,來推測該同位素的來源。

❷同位素與元素

同位素的差異在於原子核的中子個數不同,但由電子個數和電子雲完全一樣這點,可知同位素間會具有相似的化學性質及反應性。因此,^{1}H、^{2}H、^{3}H同樣都會反應形成水H_2O,^1H_2O(輕水)和^2H_2O(重水)具有相似的化學性質,差別僅在其受質量影響後的運動能力,所以想要分離重水和輕水,是非常困難的事情。

瞭解同位素後,就能夠掌握**1-2**中元素和原子的差異。換言之,元素是指原子序相同的原子,而原子是指質量數不同的個別粒子。

❸原子量

　　描述原子質量的指標為原子量，其計算方式有些繁雜，要先定義碳同位素^{12}C的相對質量為12，再與該值比較決定各同位素（^{1}H、^{2}H、^{3}H）的相對質量，最後乘上同位素豐度取其加權平均數。因此，^{1}H佔99.8％的氫，原子量會幾乎等於^{1}H的質量數1.008。相對的，兩同位素^{79}Br和^{81}Br約佔1：1的溴，原子量就會幾乎等於兩者的中間值79.90。

　　由於原子量是加權平均數，原子的同位素豐度改變時，原子量也會跟著變化。目前已知，月球上的氦He富含地球上少有的^{3}He，所以月球上的氦原子量會比地球上的數值還要小。

元素符號的表記方式

　　　　　　　　── 質量數＝質子數＋中子數

$$^A_Z W$$

　　　　　　　　── 原子序＝質子數

同位素的例子

	氫			碳			氧		氯		溴	
符號	^{1}H （H）	^{2}H （D）	^{3}H （T）	^{12}C	^{13}C	^{14}C	^{16}O	^{18}O	^{35}Cl	^{37}Cl	^{79}Br	^{81}Br
質子數	1	1	1	6	6	6	8	8	17	17	35	35
中子數	0	1	2	6	7	8	8	10	18	20	44	46
豐度 （％）	99.98	0.015	極微量	98.90	1.10	極微量	99.76	0.20	75.76	24.24	50.69	49.31
原子量	1.008			12.01			16.00		35.45		79.90	

鉛筆的計數單位是打，1打包含12支鉛筆。原子也有計數單位——莫耳（mole），1莫耳包含$6×10^{23}$個原子。

❶亞佛加厥常數

如1-3所述，原子極為渺小，重量也非常輕，不存在能夠測量單一原子的量秤。所以想要測量如此渺小的原子重量時，只能聚集大量的原子後一次測量，聚集幾億個、幾兆個也許就能夠達到1g，然後再聚集更多的原子後，就會形成原子量（單位為g的質量）。

會讓原子的集團整體重量形成原子量（g）的個數，稱為亞佛加厥常數（Avogadro constant）。換言之，任意原子只要聚集了亞佛加厥常數的個數，集團的重量數值就會等於原子量，而該集團便稱為1莫耳。若以鉛筆為例，莫耳就相當於打，而亞佛加厥常數相當於數值12。

❷濃度與總數

水H_2O的分子量為18，而一杯玻璃杯的水約180g，相當於10莫耳，所以一杯水中的水分子有$6×10^{24}$個。假設我們將這些水分子染成紅色後倒入東京灣，讓水從東京灣流至太平洋，之後變成雲朵、雨水擴散至全世界，經過好幾億年，紅色的水均勻混雜至世界各地的水後，再從東京灣汲取一杯玻璃杯的水。

試問這杯玻璃杯中含有紅色的水分子嗎？

答案是肯定的，而且會含有超過1000個的紅色水分子。亞佛加厥常數就是如此龐大的數。

　　在環境問題的議題上，經常聽聞ppm、ppb等濃度單位。ppm是parts/million、百萬分之一的意思，若名古屋市（人口約200萬人）住著2位特異人士，該市特異人士的比例即為1ppm。而ppb是parts/billion，也就是十億分之一的意思，若整個印度（人口約11億人）住著1位特異人士，比例即為1ppb。兩者都是非常稀薄的濃度。

　　然而，若1杯玻璃杯的水裡混有1ppb的特異水分子（？），則其個數會有幾個呢？答案是$6 \times 10^{24} \times 10^{-9} = 6 \times 10^{15}$個，數量多達6千兆個。即便是微小的濃度數值，只要換算成個數就會變得相當龐大。在環境基準中，濃度管制和總量管制會有所不同。

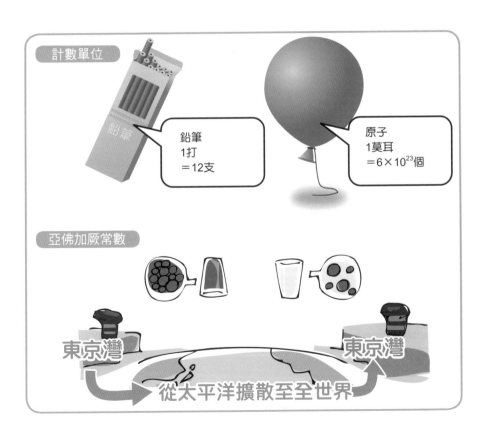

計數單位

鉛筆
1打
＝12支

原子
1莫耳
＝6×10^{23}個

亞佛加厥常數

東京灣　　東京灣

從太平洋擴散至全世界

如同原子、分子會反應成同種或者其他分子一樣，原子核也會進行反應。原子核的反應就被稱為核反應。

❶核衰變

大的原子核釋出小碎片（破片）及能量後形成小原子核的反應為核衰變，過程中釋出的碎片及能量稱作輻射線。輻射線存在著幾種類別，常見的輻射線如下：

α線：高速飛行的 $_2^4$He原子核

β線：高速飛行的電子e

γ線：如同X光的高能量電磁波

中子輻射：高速飛行的中子

所有輻射線皆含高能量，會嚴重危害生命體。核衰變後釋出輻射線的物質，稱為輻射性物質；釋出輻射線的性質，則稱為輻射性。

原子A衰變後質量會逐漸減少，A的質量變為原本一半的所需時間，就稱為半衰期（t）。經過2個半衰期（2t）的時間後，A的質量會變成一半的一半，也就是 $(\frac{1}{2})^2 = \frac{1}{4}$。

❷核融合

2個小原子核融合成大原子核的反應為核融合，過程中釋出的能量稱為核融合能。恆星中所進行的反應，主要是氫原子H融合成氦He的核融合反應。

雖然人類已經成功以核融合造出氫彈，但尚未實現可和平利用的核融合爐。

③核分裂

大原子核分裂成幾個小原子核（核分裂產物或者輻射線）並產生核分裂能的反應為核分裂。雖然容易聯想到原子彈，但也有較為和平的利用，例如轉換電力的原子爐、核電廠。

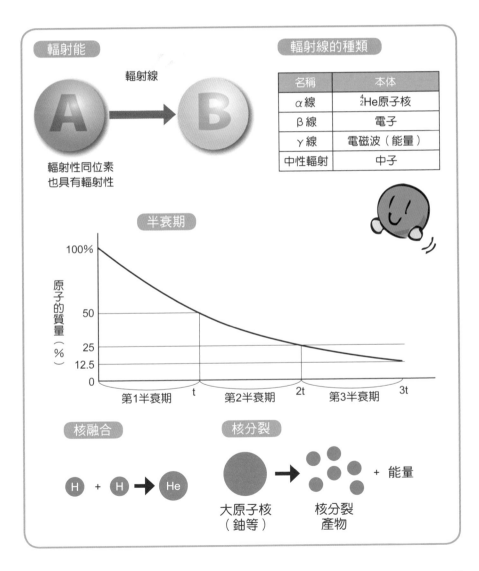

名稱	本体
α 線	$^4_2$He原子核
β 線	電子
γ 線	電磁波（能量）
中性輻射	中子

電子是什麼東西？

	1	2	3	4	5	6	7	8	9
1	₁H 氫								
2	₃Li 鋰	₄Be 鈹							
3	₁₁Na 鈉	₁₂Mg 鎂							
4	₁₉K 鉀	₂₀Ca 鈣	₂₁Sc 鈧	₂₂Ti 鈦	₂₃V 釩	₂₄Cr 鉻	₂₅Mn 錳	₂₆Fe 鐵	₂₇Co 鈷
5	₃₇Rb 銣	₃₈Sr 鍶	₃₉Y 釔	₄₀Zr 鋯	₄₁Nb 鈮	₄₂Mo 鉬	₄₃Tc 鎝	₄₄Ru 釕	₄₅Rh 銠
6	₅₅Cs 銫	₅₆Ba 鋇	鑭系	₇₂Hf 鉿	₇₃Ta 鉭	₇₄W 鎢	₇₅Re 錸	₇₆Os 鋨	₇₇Ir 銥
7	₈₇Fr 鍅	₈₈Ra 鐳	錒系	₁₀₄Rf 鑪	₁₀₅Db 𨧀	₁₀₆Sg 𨭎	₁₀₇Bh 𨨏	₁₀₈Hs 𨭆	₁₀₉Mt 䥑

鑭系	₅₇La 鑭	₅₈Ce 鈰	₅₉Pr 鐠	₆₀Nd 釹	₆₁Pm 鉕	₆₂Sm 釤	₆₃Eu 銪
錒系	₈₉Ac 錒	₉₀Th 釷	₉₁Pa 鏷	₉₂U 鈾	₉₃Np 錼	₉₄Pu 鈽	₉₅Am 鋂

在第2章中，我們來看電子的組態與結構吧。電子位於原子內部的什麼場所（電子層）很重要，最外側的電子（也就是最外層電子）決定了該原子的特性，而電子層又可進一步分成不同的軌域，我們也需要去瞭解各個軌域的細節。

								2He 氦
			5B 硼	6C 碳	7N 氮	8O 氧	9F 氟	10Ne 氖
			13Al 鋁	14Si 矽	15P 磷	16S 硫	17Cl 氯	18Ar 氬
28Ni 鎳	29Cu 銅	30Zn 鋅	31Ga 鎵	32Ge 鍺	33As 砷	34Se 硒	35Br 溴	36Kr 氪
46Pd 鈀	47Ag 銀	48Cd 鎘	49In 銦	50Sn 錫	51Sb 銻	52Te 碲	53I 碘	54Xe 氙
78Pt 鉑	79Au 金	80Hg 汞	81Tl 鉈	82Pb 鉛	83Bi 鉍	84Po 釙	85At 砈	86Rn 氡
110Ds 鐽	111Rg 錀	112Cn 鎶	113Nh 鉨	114Fl 鈇	115Mc 鏌	116Lv 鉝	117Ts 础	118Og 氬
64Gd 釓	65Tb 鋱	66Dy 鏑	67Ho 鈥	68Er 鉺	69Tm 銩	70Yb 鐿	71Lu 鎦	
96Cm 鋦	97Bk 鉳	98Cf 鉲	99Es 鑀	100Fm 鐨	101Md 鍆	102No 鍩	103Lr 鐒	

原子是由原子核和電子雲構成,而電子雲是由許多電子組成。電子會有其固定的位置,並非無秩序集結在原子核周圍。

❶電子層

電子在原子內部的位置稱為電子層,其形狀是複數層的球殼狀,名稱從靠近原子核(內側)開始依序命名為K層、L層、M層……等等。

電子層會從英文字母K開始命名,據說是因為最先發現K層的人,不確定該層是否為最內側的電子層,為了預防可能發現更內側的殼層,而預留英文字母的前半部分。

雖然電子會填進電子層內,但它們並非能夠自由進入各個電子層。每層電子層都有其固定的額定個數,K層(2個)、L層(8個)、M層(18個)、N層(32個)……等等。

❷量子數

各位有從電子層的額定個數看出什麼嗎?它們形成簡單的級數,假設n為正整數,則額定個數就會是$2n^2$個。

而該正整數n即為量子數,各層的量子數則分別為K層=1、L層=2、M層=3、N層=4……等等。

　　在週期表中，量子數是描述週期的重要數值。這邊所說的量子數n是主量子數，除此之外，還有角量子數l、磁量子數m、自旋量子數s等各種量子數。下一節，就讓我們來討論量子數的意義吧。

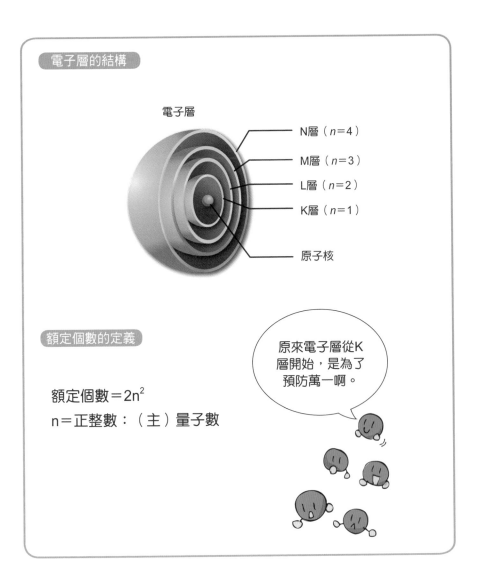

電子層的結構

電子層

N層（$n=4$）
M層（$n=3$）
L層（$n=2$）
K層（$n=1$）

原子核

額定個數的定義

原來電子層從K層開始，是為了預防萬一啊。

額定個數＝$2n^2$
n＝正整數：（主）量子數

2-2 量子數決定電子的性質

我們居住的世界可以用牛頓力學來解釋。然而像是原子及電子等微小粒子的世界，就難以用牛頓力學等宏觀力學解釋，得用量子力學等微觀力學才有辦法說明。而將量子力學套用到化學上的理論，就稱為量子化學。

❶量子化

量子化是量子化學的重要概念，是以「量」為基本單位（量子），以下舉例來說明吧。

自來水可汲取各種不同的量，例如333ml、1428ml等等，這種沒有限制的量稱為連續量，然而市售的礦泉水卻不是如此。假設瓶裝水每瓶裝有1L的水量，即便僅需要333ml，也得購買1L的水量，而若想要1428ml，就得購買2瓶份2L的水量，這種有限制的量即為量子化的量。

❷量子化與量子數

在原子、分子的世界，包含能量在內的所有量都經過量子化。假設將汽車行駛速度以$10n^2[km/h]$量子化，則只要驅動原本靜止不動的汽車，速度便會突然跳到10km/h，稍微踩油門便一口氣變成40km/h。想要再快一點會變成90km/h，就能夠跟巡邏車一較高下。再進一步加速會到160km/h，可能就直接衝向天國了。

這是將速度以$10n^2[km/h]$量子化的結果，n是量子數，而數值是0、1、2、3……包含0的正整數。

　　金錢也可視為量子化的結果，可以看成萬量子數、千量子數、百量子數等各種量子數。

何謂量子化？

連續量　　　　　　　　　量子化的量

何謂量子數？

靜止

好慢啊！
速度增加
一檔吧

$n=0$　0km/h

$n=1$　10km/h

想要再
快一些

$n=2$　40km/h

$n=3$　90km/h

$n=4$　160km/h

2-3 電子形成電子雲

在量子化的世界會發生不可思議的現象，周遭的景色會顯得朦朧模糊。這樣的現象以發現者的名字取名為海森堡測不準原理（Heinsberg's Uncertainty Principle）。

❶海森堡測不準原理

在原子及分子的世界，存在著不可思議的原則：無法「同時準確地」測量2個量。這被稱為海森堡測不準原理。

只是這樣敘述可能會讓人摸不著頭緒，所以以下舉個實際例子來說明吧。

假設在鎌倉大佛像前，使用阿公愛用的舊型相機拍攝紀念照。雖然大佛像和人物都夠拍到，但兩者都會顯得有些模糊。相對之下，若使用高畫質的數位相機，只要對焦人物，那就連沒有剃乾淨的鬍子都能夠清楚拍下，但大佛像就會糊得像是背景的高山了。相反地，若對焦大佛像，反而是人物會顯得模糊不清。

阿公的相機就好比牛頓力學；數位相機則好比量子力學。數位相機能夠準確拍攝大佛像或者人物，但無法同時對焦兩個拍攝體。雖然能夠非常準確地表現其中一方，但另一方相對就顯得不準確。

❷電子的位置

若將海森堡測不準原理套用到電子的運動上，就會發現有趣的事情。

電子本身具有一定的能量，可討論「能量」與所在「位置」兩個量，當準確決定能量後，位置就會顯得模糊不定，而這個「模糊不定的位置」就是電子雲的概念。

牛頓相機

根據海森堡的原理，
電子的能量和位置
僅能夠對焦其中一個

→ 兩者都拍得到，
但有點模糊

量子相機

↑　　　　　　　↑
僅能夠清楚拍攝對焦的部分

前面提到電子會填進電子層中，而電子層又分為不同的軌域，電子最後會進到軌域當中。

❶電子層

電子層和軌域的關係就好比飯店的樓層與客房。

電子層就像是飯店的樓層，K層是1樓、L層是2樓、M層是3樓等等，電子層的量子數就是樓數。樓層愈高位能也愈高，形成了電子層的能階。因此，K層是能階最低，但也最穩定的電子層，L層、M層等樓層愈往上，能階愈高，電子層也愈不穩定。

❷軌域

各樓層會有不同類型的客房，也就是軌域，像是s軌域、p軌域、d軌域、f軌域等等。s軌域就像是單間客房、p軌域是三連通房、d軌域是五連通房、f軌域則是七連通房。

各樓層的房間類型和間數固定，K層僅有1個s軌域，L層有1個2軌域和3個p軌域，M層則有1個s軌域、3個p軌域、5個d軌域。然後，相同電子層的軌域中，能量的高低順序是s軌域＜p軌域＜d軌域，彼此的關係如右頁圖所示。

為了方便瞭解各軌域屬於哪個樓層，常會在前面加上樓層的量子數，例如1s軌域（K層）、2p軌域（L層）等等。

　　各軌域能夠裝進2個電子，軌域額定的電子個數相加後，電子層的額定個數會跟2-1所述的相同。

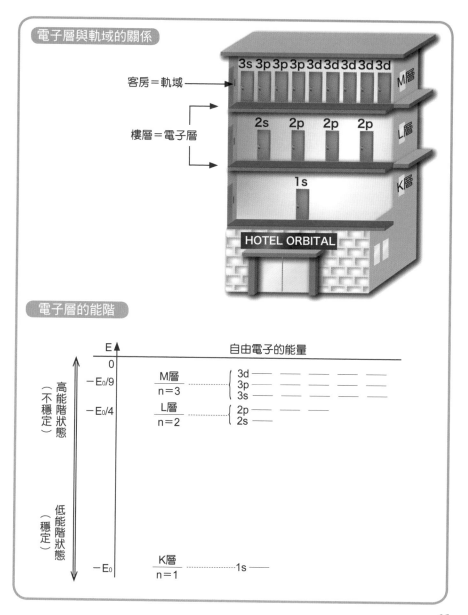

電子層與軌域的關係

客房＝軌域

3s 3p 3p 3p 3d 3d 3d 3d 3d　M層

2s　2p　2p　2p　L層

樓層＝電子層

1s　K層

HOTEL ORBITAL

電子層的能階

E

0

自由電子的能量

$-E_0/9$　M層 n＝3　　3d ——— ——— ——— ——— ———
　　　　　　　　　　　　3p ——— ——— ———
　　　　　　　　　　　　3s ———

$-E_0/4$　L層 n＝2　　2p ——— ——— ———
　　　　　　　　　　　　2s ———

高能階狀態（不穩定）

低能階狀態（穩定）

$-E_0$　K層 n＝1　　1s ———

　　填進軌域的電子，會形成該軌域特有的電子雲形狀，這個形狀又稱為軌域形狀。

❶s軌域的形狀

　　1s軌域基本上呈現圓形糰子的形狀，糰子的剖面如右圖所示，邊界會因融入空間而模糊不清。由具有高存在機率（雲朵濃密）的區域，便能夠定義軌域半徑。

　　2s軌域的外觀也呈現糰子狀，但剖面出現分層，中間會出現沒有電子雲分布的地方。這種沒有電子雲分布的地方，通常稱為波節。若假設電子層的量子數為n，則存在n−1個波節。因此，n−1的1s軌域不存在波節。

❷p軌域的形狀

　　2p軌域如右頁圖會呈現一串2個糰子的形狀，分成3個形狀相同、方向不同的糰子串p_x、p_y、p_z。雖然三者僅差在方向不同，但彼此卻是完全不同的軌域。這種軌域不同、能階相同的軌域（參見2-4），彼此互為簡併軌域（degenerate orbitals）。

　　2p軌域是n＝2n＝2的L層軌域，本身具有波節，而該波節正好落於原子核的位置。

❸d軌域的形狀

　　3d軌域具有5個能量相同的簡併軌域。

　　5個軌域中，有4個會呈現如四葉草的形狀，以$d_{x^2-y^2}$、d_{z^2}下標為座標軸平方的軌域，四葉草會剛好落於座標軸上，而d_{xy}等的四葉草則會落於座標平面上。以虛線表示波節後，可知軌域各具有2個波節。

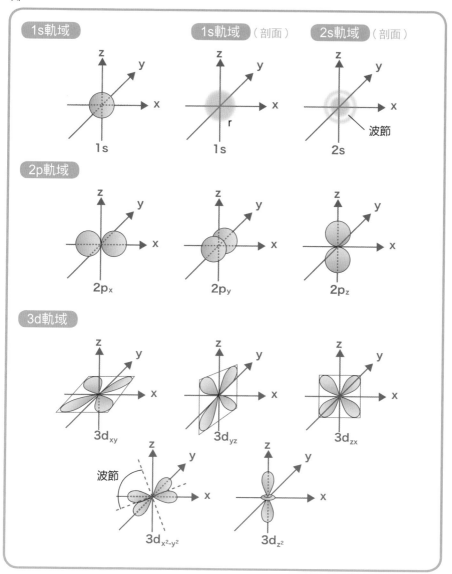

　　進入電子層的電子，會進一步填進不同的軌域，但在填進軌域時有必須遵守的規則。

①自旋

　　電子填進軌域時必須遵守的規則有「罕德定則（Hund's rule）」和「包立原理（Pauli principle）」，這兩個原理就好比公寓的入住規則，下面就來簡單介紹一下。

　　不過，在繼續討論之前，得先講解電子的自轉。電子的自行旋轉稱為自旋（spin），分為右旋和左旋兩個方向，在化學中會標示成上下兩種箭頭，箭頭的方向跟旋轉方向沒有關聯。

②入住規則

　　電子的入住規則如下：

①從能階低的軌域開始填入

　　如2-4所述，能階的高低順序是1s＜2s＜2p＜3s＜3p……然而更高的電子層就無法如2-4的圖那般簡單描述，相關細節留到後面再講解。

②1個軌域填進2個電子時，彼此的自旋方向必須相反

③1個軌域最多可填進2個電子

　　這就是2-4所述的軌域額定個數。

　　軌域上，自旋方向相反的2個電子組稱為電子對；而軌域上僅填進1個的電子，則稱為不成對電子。

④軌域能階一樣時，自旋方向相同者比較穩定

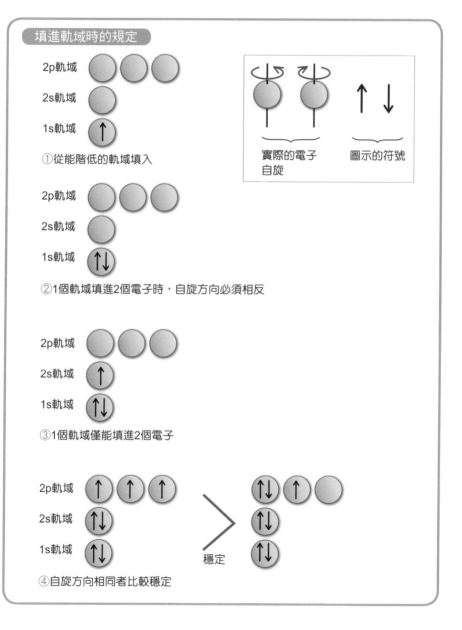

　　電子組態（electron configuration）描述了電子如何填進軌域的配置。瞭解入住規則後，我們便趕緊按照原子序的順序，看看各原子的電子組態吧。

❶K層的電子組態

●氫H：遵循2-6的規定①，第一個電子填進最低能階的1s軌域，形成不成對電子。

●氦He：遵循規定①、②，第二個電子填進1s軌域，但又遵循規定③，自旋方向相反形成電子對。這種電子層填滿電子的狀態為閉合殼層，狀態十分穩定。與此相對，如H等未填滿的狀態則稱為開殼層。

❷L層的電子組態

●鋰Li：遵循規定③填滿1s軌域後，第3個電子遵循規定①，填進繼1s軌域後較低能階的2s軌域。

●鈹Be：第4個電子填進2s軌域，形成電子對。

●硼B：第5個電子填進2p軌域。

●碳C：電子填入有C-1、C-2、C-3等3種方式，由於3個2p軌域的能階一樣，所以這3種電子組態的軌域能階相等。由規定④可知，2個2p軌域電子方向相同的C-1最為穩定。這種具有穩定電子組態的狀態，稱為基態（ground state）；而C-2、C-3等高能階的狀態，稱為激發態（excited state）。

●氮N：為了使自旋方向一致，3個p軌域各填進1個電子，形成3個不成對電子。

●氧O：p軌域形成電子對、2個不成對電子。

●氟F：僅1個不成對電子。

●氖Ne：L層填進8個電子，形成閉合殼層。這種1個電子層填進8個電子的構造為八隅體法則（octet），狀態特別穩定。

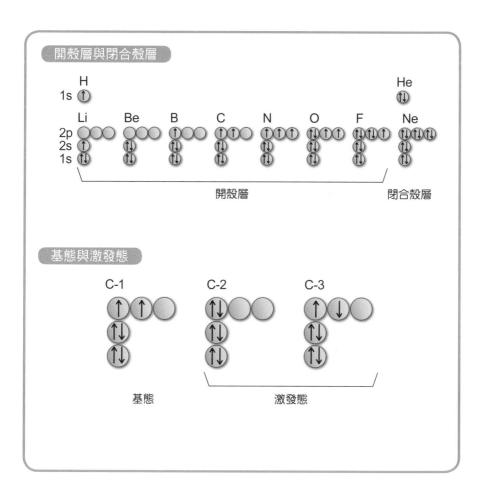

最外層電子決定原子的性質

　　M層的電子組態思維跟K層、L層一樣。

❶M層的電子組態

●鈉Na：3s軌域形成不成對電子。

●鎂Mg：3s軌域形成電子對。

●鋁Al：3p軌域形成不成對電子。

●矽Si：跟碳一樣形成2個不成對電子。

●磷P：增加成3個不成對電子。

●硫S：減少成2個不成對電子。

●氯Cl：變成1個不成對電子。

●氬Ar：M層填滿形成閉殼結構。

　　M層3d軌域的電子填進方式有些複雜，因而會形成過渡元素，相關細節留到後面討論過渡元素時再講解吧。

❷最外層電子與價電子

　　填進電子的電子層中，位於最外側的電子層為最外層，而填進此殼層的電子為最外層電子。在觀察原子的時候，觀察者看到的是原子的外側，也就是最外層電子。這意味原子的特徵及性質，主要會取決於最外層電子。

　　另外，2個原子衝撞，也就是原子互相反應的時候，接觸的是彼此最外層的電子，所以影響原子反應的也會是最外層電子。

　　如上所述，原子的性質及反應性皆取決於最外層電子，而後面會介紹的原子形成離子的價數，也是由最外層電子的個數來決定，

所以最外層電子又稱為價電子。

最外層電子形成價電子的元素，通常稱為典型元素。

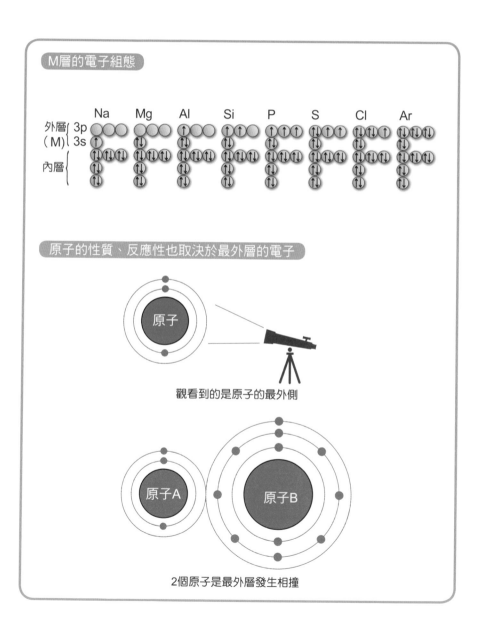

M層的電子組態

原子的性質、反應性也取決於最外層的電子

觀看到的是原子的最外側

2個原子是最外層發生相撞

由週期表可知道什麼事情?

族	1	2	3	4	5	6	7	8	9
1	₁H 氫								
2	₃Li 鋰	₄Be 鈹							
3	₁₁Na 鈉	₁₂Mg 鎂							
4	₁₉K 鉀	₂₀Ca 鈣	₂₁Sc 鈧	₂₂Ti 鈦	₂₃V 釩	₂₄Cr 鉻	₂₅Mn 錳	₂₆Fe 鐵	₂₇Co 鈷
5	₃₇Rb 銣	₃₈Sr 鍶	₃₉Y 釔	₄₀Zr 鋯	₄₁Nb 鈮	₄₂Mo 鉬	₄₃Tc 鎝	₄₄Ru 釕	₄₅Rh 銠
6	₅₅Cs 銫	₅₆Ba 鋇	鑭系	₇₂Hf 鉿	₇₃Ta 鉭	₇₄W 鎢	₇₅Re 錸	₇₆Os 鋨	₇₇Ir 銥
7	₈₇Fr 鍅	₈₈Ra 鐳	錒系	₁₀₄Rf 鑪	₁₀₅Db 𨧀	₁₀₆Sg 𨭆	₁₀₇Bh 𨨏	₁₀₈Hs 𨭌	₁₀₉Mt 䥑

週期								
鑭系	₅₇La 鑭	₅₈Ce 鈰	₅₉Pr 鐠	₆₀Nd 釹	₆₁Pm 鉕	₆₂Sm 釤	₆₃Eu 銪
錒系	₈₉Ac 錒	₉₀Th 釷	₉₁Pa 鏷	₉₂U 鈾	₉₃Np 錼	₉₄Pu 鈽	₉₅Am 鎇

在第3章中，終於可以來看看週期表的排列規則了，我們會從族、週期及額外的表格等不同角度，瞭解它們具有哪些共通的特性。

10	11	12	13	14	15	16	17	18
								$_2$He 氦
			$_5$B 硼	$_6$C 碳	$_7$N 氮	$_8$O 氧	$_9$F 氟	$_{10}$Ne 氖
			$_{13}$Al 鋁	$_{14}$Si 矽	$_{15}$P 磷	$_{16}$S 硫	$_{17}$Cl 氯	$_{18}$Ar 氬
$_{28}$Ni 鎳	$_{29}$Cu 銅	$_{30}$Zn 鋅	$_{31}$Ga 鎵	$_{32}$Ge 鍺	$_{33}$As 砷	$_{34}$Se 硒	$_{35}$Br 溴	$_{36}$Kr 氪
$_{46}$Pd 鈀	$_{47}$Ag 銀	$_{48}$Cd 鎘	$_{49}$In 銦	$_{50}$Sn 錫	$_{51}$Sb 銻	$_{52}$Te 碲	$_{53}$I 碘	$_{54}$Xe 氙
$_{78}$Pt 鉑	$_{79}$Au 金	$_{80}$Hg 汞	$_{81}$Tl 鉈	$_{82}$Pb 鉛	$_{83}$Bi 鉍	$_{84}$Po 釙	$_{85}$At 砈	$_{86}$Rn 氡
$_{110}$Ds 鐽	$_{111}$Rg 錀	$_{112}$Cn 鎶	$_{113}$Nh 鉨	$_{114}$Fl 鈇	$_{115}$Mc 鏌	$_{116}$Lv 鉝	$_{117}$Ts 鿬	$_{118}$Og 鿫
$_{64}$Gd 釓	$_{65}$Tb 鋱	$_{66}$Dy 鏑	$_{67}$Ho 鈥	$_{68}$Er 鉺	$_{69}$Tm 銩	$_{70}$Yb 鐿	$_{71}$Lu 鎦	
$_{96}$Cm 鋦	$_{97}$Bk 鉳	$_{98}$Cf 鉲	$_{99}$Es 鎄	$_{100}$Fm 鐨	$_{101}$Md 鍆	$_{102}$No 鍩	$_{103}$Lr 鐒	

　　到第2章為止，幾乎已經完成解讀週期表的準備了，我們現在就趕緊來看關鍵的週期表吧。首先來討論週期表是什麼樣的表格，以及週期表與元素之間的關係。

❶元素的種類

　　目前已經發現的元素有118種。其中，從原子序1的氫H到原子序92的鈾U，是能夠穩定存在於地球上的元素。然而，原子序43鎝Tc的同位素皆不穩定，在地球約46億年的歷史間幾乎消滅殆盡，所以地球上實際穩定存在的元素僅有91種。原子序93以後的元素，除了少數例外，皆為人類使用原子爐製造出來的超鈾元素。

❷元素與週期表

　　週期表是元素按照原子序的順序排列，並在適當地方折返循環所形成的表格。折返處並非任意決定，而是有一定的規律，所以根據循環的方式可形成不同的週期表。為了不產生混亂，這部分留到本章最後再進行討論。週期表其實有好幾種，本書討論的長週期表僅是諸多週期表中的一種而已。筆者高中時期學習的是短週期表，是僅有第1族到第8族的窄版週期表，但各族又細分為a、b兩種類。

　　週期表可以想成是元素的日曆，日曆按照數字順序排列星期數，每7天一個循環，由左而右分別表示星期日、一、二、三、四、五、六。無論日曆上星期日寫的是幾號，都是白天不用上學，晚上在NHK播放大河劇的快樂星期天，而星期一也都是要開始上學的憂鬱星期一。只要星期數一樣，即便日期不同，也會是「相同的性質」。

　　然後，由上至下依序稱為第1週、第2週……，有些月分會到第5週，而有些月分到第4週就結束了。

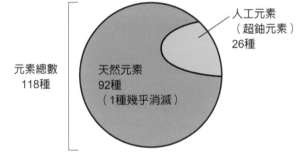

週期表是規則排列元素的表格

人工元素
（超鈾元素）
26種

元素總數
118種

天然元素
92種
（1種幾乎消滅）

週期表	——————	日期
族（第○族元素）	——————	星期（星期一）
週期（第○週期）	——————	週（第○週）

我們來實際觀看週期表，詳細的版本請參見p.10，這節只先討論右頁的簡易版本。

❶族

首先，請看表格最上方，由左而右標示了1～18的族號。

族號1下面，以氫H為首的元素為第1族元素；同理，族號2下面的元素就為第2族元素。元素像這樣從第1族元素排列到第18族元素，共分為18個種類。

若以日曆來比喻，此分類的族號就相當於星期數，如同所有星期日都是不用上學的日子一樣，所有的第1族元素也都具有類似的性質，而所有第18族元素的性質也有彼此共通的部分。因此，只要知道某元素屬於哪一族，就能夠大致推測該元素的性質。週期表具有各種功能，其中這個「各族的性質不同」應該就是最有用的地方了吧。

❷週期

週期表的左邊，由上而下標示了1～7的週期號。週期號1的右橫列元素為第1週期元素；週期號2的右橫列元素為第2週期元素，元素會像這樣一路排列到第7週期元素。

不過，第1週期僅有2個元素，第2、3週期有8個元素，第4週期便增加到18個元素，而第6、7週期則多達32個元素。後面會講解各週期元素個數不同的緣由，這邊請先留意2個、8個、18個、32個，就等於2-1的電子層額定個數$2n^2$個。

③額外的表格

　　除了前面標示族號、週期號的「本體」外，週期表下方還有著如同「附錄」般的表格，這又是什麼呢？

　　這並不是附錄，而是理應列進週期表的本體中，但因沒有多餘的空間，只好額外列出的表格。鑭系元素是原本應該列進週期表本體第6週期第3族的元素，而錒系元素則是原本應該列進第7週期第3族的元素。因此，第6、7週期的元素才會多達32個。

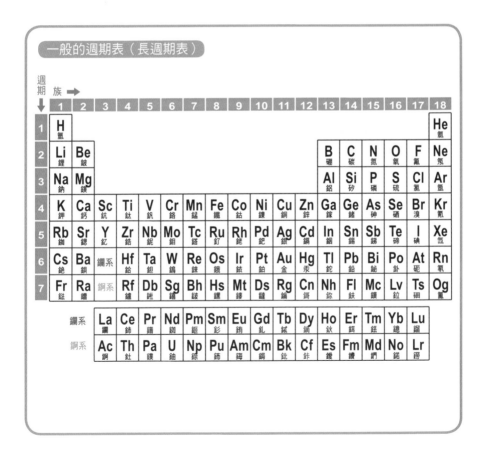

週期表是電子組態的鏡子

　　週期表是19世紀俄羅斯化學家門得列夫（Dmitri Mendeleev），在研究元素性質的實驗過程中發現的表格，但現在已經可用電子組態來說明其中的理論。

❶第1、2、3週期

　　請回想2-7中的電子組態，電子填進K層的有氫H和氦He兩個元素，這是因為K層的電子額定個數僅有2個的緣故。接著，電子填進L層的有鋰Li到氖Ne八個元素，跟週期表第2週期的構成元素相同。同理，第3週期的元素跟2-8中電子填入M層的元素相同（不包含3d軌域的情況）。

　　然後，週期的號數跟元素最外層的量子數相同。如上所述，週期表基本上會忠實地反映電子組態，第1週期元素的電子填進n＝1的K層；第2週期元素的最外層是n＝2的L層；第3週期元素的最外層是n＝3的M層。

❷族號與價電子數

　　請看右圖的第1族電子組態，所有元素的最外層都是1個電子，也就是具有1個價電子，且該電子會填進s軌域。同理，第2族元素也是在s軌域中皆具有2個價電子。

　　第13族以後也是同樣的情況，所有的第13族元素都具有3個價電子，其中一個電子填進p軌域。然後，所有的第17族元素皆具有7個價電子，而除了He之外，所有的第18族都具有8個價電子。如上所述，第1族有1個、第2族有2個、第13族有3個、He以外的第18族有8個具有與族號個位數相同個數的價電子。換言之，族號的個位數字

就表示價電子的個數。

同族元素的相似性源自於電子組態的相似性，簡言之，同族元素具有同樣個數的價電子。然後，如2-8所述，由於價電子會影響原子的性質及反應性，因此同族元素也會理所當然的具有相似的性質。

然而，像這樣具有相似性的元素，其實僅有週期表的左邊第1族、第2族，與右邊13～18族等8族而已，這些元素被特別稱為典型元素。

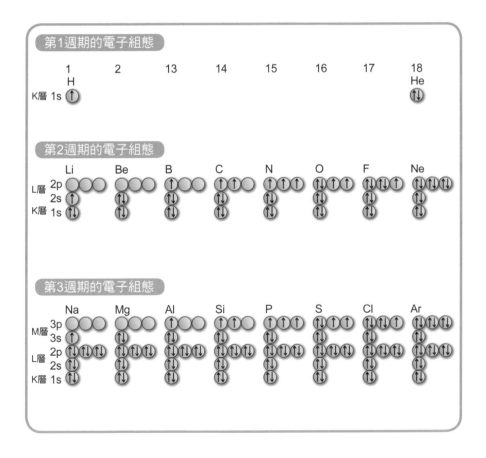

分成典型元素與過渡元素

在上一節，討論了週期表左右兩邊的典型元素性質。那麼，週期表中間第3～11族的元素又如何呢？這些元素統稱為過渡元素。

相對於各族具有固定性質的典型元素，過渡元素則不具有這樣的特徵。過渡元素的「過渡」是表示，位於週期表左右邊的典型元素之間，其性質逐漸改變的意思。

❶軌域能階的交叉

過渡元素出現的理由是，軌域能階的順序不同於2-4所述的順序。

右頁圖是軌域能階（縱軸）和原子序（橫軸）的關係。整體而言，原子序愈大其能階就愈低。這是因為原子序變大時，原子核的正（＋）電荷增加，與電子間的靜電引力會變大，使得電子的能量趨於穩定。

觀看能階變化的曲線，可知s軌域、p軌域的能階，會隨著原子序增加「跟著」降低。然而，d軌域的能階是呈現階梯狀的變化，某些地方會跟s軌域、p軌域的能階曲線交叉，而出現軌域能階的順序顛倒過來的情況。

❷軌域能階的順序

先來看原子序A的軌域能階順序，順序是1s＜2s＜2p＜3s＜3p＜3d＜4s＜4p。那麼，原子序B的元素如何呢？順序是1s＜2s＜2p＜3s＜3p＜4s＜3d＜4p，3d軌域和4s軌域的能階顛倒過來了。

　　如**2-6**所述，根據電子的入住規則：①電子從能階低的軌域開始填入，電子填滿M層3s、3p軌域後，在填進相同M層的3d軌域前，會先填進外面一層的N層，也就是能階較低的4s軌域。當4s軌域填滿2個電子後，才會再填進M層的3d軌域。

　　如上所述，其新加入的電子不是填進最外層，而是填進內側電子層，這就是過渡元素誕生的秘密。

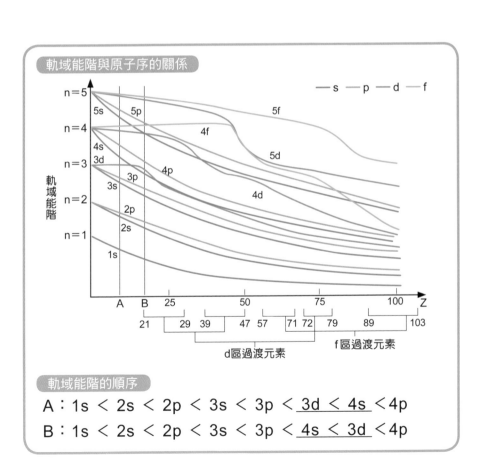

軌域能階與原子序的關係

軌域能階的順序

A：1s ＜ 2s ＜ 2p ＜ 3s ＜ 3p ＜ <u>3d ＜ 4s</u> ＜4p

B：1s ＜ 2s ＜ 2p ＜ 3s ＜ 3p ＜ <u>4s ＜ 3d</u> ＜4p

在週期表上，第4週期到原子序20的鈣Ca是典型元素。由電子組態可知，鈣的4s軌域具有2個電子。

❶ 電子組態表

右頁表是元素的電子組態列表，以數字描述填進各軌域的電子個數，第1、2、3週期的最外層電子數會是1、2、3、……這樣有規則地增加。

不過，在第4週期會發生有趣的事情：原子序19的鉀K，電子會直接跳過3d軌域填進4s軌域，而鈣的4s軌域則填進了2個電子。換言之，這兩種元素的最外層是N層，新加入的電子填進最外層，所以它們被歸類為典型元素的同伴。

然而，在原子序21的鈧Sc，新加入的電子不是填進N層，而是進入內側電子層M層的3d軌域。該傾向一直持續到原子序30的鋅Zn，這些元素新加入的電子不是填進外側，而是進入內側的電子層。通常鈧到銅Cu等元素會定義為過渡元素，而鋅則是例外，被歸類為典型元素。

❷ 西裝與襯衫

典型元素新加入的電子會填進最外層，對由外部觀看原子的人來說，電子組態的差異就能一目了然，就好比商業人士穿著的西裝外套，深藍色西裝和灰色西裝給人的觀感截然不同，這就是典型元素間的差異。

與此相對，過渡元素新加入的電子會填進內側的d軌域，對由外部觀看原子的人來說，這便相當於外套內穿著不同款式顏色的襯

衫，不容易清楚辨別出來。這就是過渡元素間的差異。

　　換言之，過渡元素間的差異不明顯，失去了「各族的性質不同」的特徵，但電子填進d軌域後，為元素的反應性擴展了新的可能性。

電子組態表	能量單位／元素	K	L		M			N		最外層電子（價電子）
		1s	2s	2p	3s	3p	3d	4s	4p	
第1週期	1 H	1								
	2 He	2								
第2週期	3 Li	2	1							1
	4 Be	2	2							2
	5 B	2	2	1						3
	6 C	2	2	2						4
	7 N	2	2	3						5
	8 O	2	2	4						6
	9 F	2	2	5						7
	10 Ne	2	2	6						8
第3週期	11 Na	2	2	6	1					1
	12 Mg	2	2	6	2					2
	13 Al	2	2	6	2	1				3
	14 Si	2	2	6	2	2				4
	15 P	2	2	6	2	3				5
	16 S	2	2	6	2	4				6
	17 Cl	2	2	6	2	5				7
	18 Ar	2	2	6	2	6				8
第4週期	19 K	2	2	6	2	6		1		1
	20 Ca	2	2	6	2	6		2		2
	21 Sc	2	2	6	2	6	1	2		無法定義價電子
	22 Ti	2	2	6	2	6	2	2		
	23 V	2	2	6	2	6	3	2		
	24 Cr	2	2	6	2	6	5	1		
	25 Mn	2	2	6	2	6	5	2		
	26 Fe	2	2	6	2	6	6	2		
	27 Co	2	2	6	2	6	7	2		
	28 Ni	2	2	6	2	6	8	2		
	29 Cu	2	2	6	2	6	10	1		
	30 Zn	2	2	6	2	6	10	2		
	31 Ga	2	2	6	2	6	10	2	1	3
	32 Ge	2	2	6	2	6	10	2	2	4
	33 As	2	2	6	2	6	10	2	3	5
	34 Se	2	2	6	2	6	10	2	4	6
	35 Br	2	2	6	2	6	10	2	5	7
	36 Kr	2	2	6	2	6	10	2	6	8

3-6 由電子組態看元素的分類

　　過渡元素是一種其新加入的電子不填進最外層，而是進入內側電子層的元素，這種過渡元素又分為2個種類。另外，典型元素也可進一步分成2個種類。

❶ 過渡元素的種類

　　過渡元素可進一步分成2個種類：

Ⓐ d區過渡元素

　　新加入的電子會填進內側電子層的過渡元素，不僅是原子序21的鈧Sc到原子序29的銅Cu而已，原子序39的釔Y到原子序47的銀Ag也有同樣的情況，明明最外層是O層，電子卻填進內側N層的4d軌域。

　　這些將新加入的電子填進內層d軌域的過渡元素，特別稱為d區過渡元素或者外過渡元素。

Ⓑ f區過渡元素

　　與此相對，原子序57的鑭La到原子序71的鎦Lu等鑭系元素，雖然最外層是P層（量子數n＝6），但新加入的電子會填進第二內側N層（n＝4）的f軌域。原子序89的錒Ac到原子序103的鐒Lr等錒系元素，也有相同的情況（最外層量子數＝7、f軌域量子數＝5），這些元素稱為f區過渡元素或者內過渡元素。

　　若沿用前面商業人士穿西裝的比喻，f區過渡元素的差異就好比襯衫下的內衣，想要區分彼此的差別是非常困難的。

總而言之，週期表上第3族到第11族的元素，被稱為過渡元素。而第3族中上面三個，也就是鈧Sc、釔Y及鑭系元素，又特別稱為稀土元素或稀土金屬。

❸元素的種類

如同過渡元素分為d區和f區兩種，典型元素也可進一步分類。

根據最外層電子填進s軌域還是p軌域，分別稱為s區元素和p區元素。我們可在週期表上簡單標示這些分類。

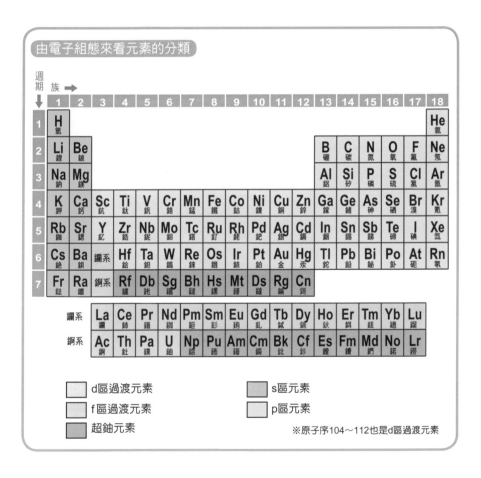

由電子組態來看元素的分類

　　我們討論了週期表的構成與意義，但除了前面的長週期表，週期表還有幾個不同的種類，下面就來看看較具代表性的週期表。

❶長週期表

　　這是盡可能反映電子組態的週期表。電子填進d軌域的過渡元素會列入第3族到第11族，非常容易辨別過渡元素的部分。不過，電子填進f軌域的f區過渡元素被排在主表的外側，若將這部分組回本體當中，橫向排列會變成有33個元素，考量到印刷的版面大小，實在不怎麼實用。

❷短週期表

　　在20年前左右，學校教學普遍使用短週期表，其元素分為0族～VIII族，並進一步分為A、B兩族，相當難懂又不太好理解，但優點是典型元素會連接在一起。

　　另外，若僅考慮典型元素，短週期表的優點還有以IV族為中心，左側排列容易形成陽離子的元素，右側則排列容易形成陰離子的元素。在使用半導體的情況中，第14（IV）族矽Si摻雜第13（III）族硼B的半導體，至今仍習慣稱為三五族半導體。

❸橢圓週期表

　　p.9的週期表不是單純將按照原子序排列的元素如同普通的週期表般折返循環，而是螺旋狀彎曲排列。相較於長週期表的第3、4族混雜了第13、14族的元素，這個技術性問題就可由採用橢圓週期表來獲得解決。

　　雖然此表較難自行繪製，但其堪稱藝術的形式美，可讓人忘卻橢圓週期表的麻煩。

　　除此之外，市面上也有以長週期表為基礎，將 f 區過渡元素印刷成紙膠帶，黏貼至鑭系元素及錒系元素的立體型週期表。端看各位如何發揮巧思，也有可能作出屬於自己獨創的週期表。

短週期表

		I		II		III		IV		V		VI		VII		0	VIII		
		A	B	A	B	A	B	A	B	A	B	A	B	A	B				
1		1 H														2 He			
2		3 Li		4 Be			5 B		6 C		7 N		8 O		9 F	10 Ne			
3		11 Na		12 Mg			13 Al		14 Si		15 P		16 S		17 Cl	18 Ar			
4		19 K		20 Ca		21 Sc		22 Ti		23 V		24 Cr		25 Mn			26 Fe	27 Co	28 Ni
			29 Cu		30 Zn		31 Ga		32 Ge		33 As		34 Se		35 Br	36 Kr			
5		37 Rb		38 Sr		39 Y		40 Zr		41 Nb		42 Mo		43 Tc			44 Ru	45 Rh	46 Pd
			47 Ag		48 Cd		49 In		50 Sn		51 Sb		52 Te		53 I	54 Xe			
6		55 Cs		56 Ba		57~71La		72 Hf		73 Ta		74 W		75 Re			76 Os	77 Ir	78 Pt
			79 Au		80 Hg		81 Tl		82 Pb		83 Bi		84 Po		85 At	86 Rn			
7		87 Fr		88 Ra		89~103Ac													

鑭系元素	57 La	58 Ce	59 Pr	60 Nd	61 Pm	62 Sm	63 Eu	64 Gd	65 Tb	66 Dy	67 Ho	68 Er	69 Tm	70 Yb	71 Lu
錒系元素	89 Ac	90 Th	91 Pa	92 U	93 Np	94 Pu	95 Am	96 Cm	97 Bk	98 Cf	99 Es	100 Fm	101 Md	102 No	103 Lr

由原子、分子看週期表

	1	2	3	4	5	6	7	8	9
1	₁H 氫								
2	₃Li 鋰	₄Be 鈹							
3	₁₁Na 鈉	₁₂Mg 鎂							
4	₁₉K 鉀	₂₀Ca 鈣	₂₁Sc 鈧	₂₂Ti 鈦	₂₃V 釩	₂₄Cr 鉻	₂₅Mn 錳	₂₆Fe 鐵	₂₇Co 鈷
5	₃₇Rb 銣	₃₈Sr 鍶	₃₉Y 釔	₄₀Zr 鋯	₄₁Nb 鈮	₄₂Mo 鉬	₄₃Tc 鎝	₄₄Ru 釕	₄₅Rh 銠
6	₅₅Cs 銫	₅₆Ba 鋇	鑭系	₇₂Hf 鉿	₇₃Ta 鉭	₇₄W 鎢	₇₅Re 錸	₇₆Os 鋨	₇₇Ir 銥
7	₈₇Fr 鍅	₈₈Ra 鐳	錒系	₁₀₄Rf 鑪	₁₀₅Db 𨧀	₁₀₆Sg 𨭎	₁₀₇Bh 𨨏	₁₀₈Hs 𨭆	₁₀₉Mt 䥑

鑭系	₅₇La 鑭	₅₈Ce 鈰	₅₉Pr 鐠	₆₀Nd 釹	₆₁Pm 鉕	₆₂Sm 釤	₆₃Eu 銪
錒系	₈₉Ac 錒	₉₀Th 釷	₉₁Pa 鏷	₉₂U 鈾	₉₃Np 錼	₉₄Pu 鈽	₉₅Am 鋂

在第4章中，我們可以來看看元素的各種變化、反應規則與週期表的關係，游離能、電負度、金屬鍵和共價鍵等化學鍵中，其實也隱含了與週期表的關聯性。

10	11	12	13	14	15	16	17	18
								$_2$He 氦
			$_5$B 硼	$_6$C 碳	$_7$N 氮	$_8$O 氧	$_9$F 氟	$_{10}$Ne 氖
			$_{13}$Al 鋁	$_{14}$Si 矽	$_{15}$P 磷	$_{16}$S 硫	$_{17}$Cl 氯	$_{18}$Ar 氬
$_{28}$Ni 鎳	$_{29}$Cu 銅	$_{30}$Zn 鋅	$_{31}$Ga 鎵	$_{32}$Ge 鍺	$_{33}$As 砷	$_{34}$Se 硒	$_{35}$Br 溴	$_{36}$Kr 氪
$_{46}$Pd 鈀	$_{47}$Ag 銀	$_{48}$Cd 鎘	$_{49}$In 銦	$_{50}$Sn 錫	$_{51}$Sb 銻	$_{52}$Te 碲	$_{53}$I 碘	$_{54}$Xe 氙
$_{78}$Pt 鉑	$_{79}$Au 金	$_{80}$Hg 汞	$_{81}$Tl 鉈	$_{82}$Pb 鉛	$_{83}$Bi 鉍	$_{84}$Po 釙	$_{85}$At 砈	$_{86}$Rn 氡
$_{110}$Ds 鐽	$_{111}$Rg 錀	$_{112}$Cn 鎶	$_{113}$Nh 鉨	$_{114}$Fl 鈇	$_{115}$Mc 鏌	$_{116}$Lv 鉝	$_{117}$Ts 础	$_{118}$Og 氭

$_{64}$Gd 釓	$_{65}$Tb 鋱	$_{66}$Dy 鏑	$_{67}$Ho 鈥	$_{68}$Er 鉺	$_{69}$Tm 銩	$_{70}$Yb 鐿	$_{71}$Lu 鎦
$_{96}$Cm 鋦	$_{97}$Bk 鉳	$_{98}$Cf 鉲	$_{99}$Es 鑀	$_{100}$Fm 鐨	$_{101}$Md 鍆	$_{102}$No 鍩	$_{103}$Lr 鐒

原子具有各式各樣的物性及反應性，有些會按照週期表的順序反覆變化，便稱為具有週期性的變化。

❶原子半徑

原子半徑是原子的半徑，也是用來描述原子大小最方便的指標。右上圖就是按照週期表順序排序的原子半徑。

原子的大小取決於電子雲的大小，而電子雲的電子數會隨著原子序增加，讓人感覺原子的大小也會跟原子序呈現正相關。然而，這張圖表顯示的卻不是如此，同週期的原子會隨原子序增加而變小，同族的原子會隨週期增加而變大，呈現具典型週期性的變化。

週期反映了最外層的電子數，當週期愈大，愈外側的電子層變成最外層，原子理所當然會變大。然後，同週期的原子隨原子序增加而變小，是因為原子核的正電荷增加，使得吸引電子雲的力量變大，造成電子雲、原子收縮變小。

❷原子半徑的量測

話說回來，原子半徑是怎麼量測的呢？這個答案意外的困難。簡單來說，同一原子形成的分子、同核雙原子分子（homonuclear diatomic molecule），取鍵結距離的一半就是原子半徑，但有些原子無法形成雙原子分子。最近常用的方法是，根據量子化學來計算最外層的軌域半徑。本書圖中的原子半徑，也是採用這套方法。

　　除了原子半徑，還有離子半徑的概念。中性原子失去電子形成陽離子，獲得電子形成陰離子，同一原子的半徑順序會是陽離子＜中性原子＜陰離子。

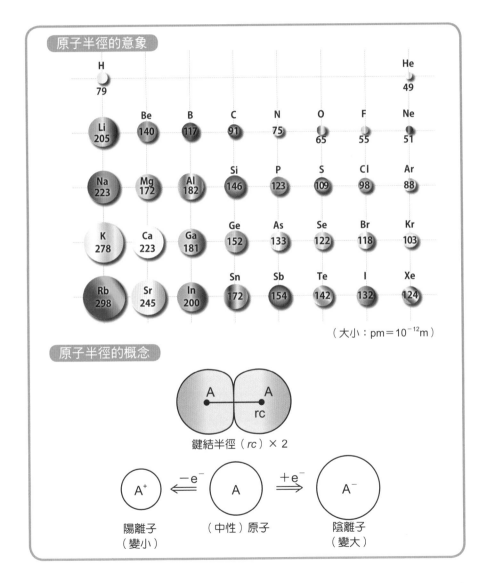

原子半徑的意象

							He
H							49
79							

| Li | Be | B | C | N | O | F | Ne |
| 205 | 140 | 117 | 91 | 75 | 65 | 55 | 51 |

| Na | Mg | Al | Si | P | S | Cl | Ar |
| 223 | 172 | 182 | 146 | 123 | 109 | 98 | 88 |

| K | Ca | Ga | Ge | As | Se | Br | Kr |
| 278 | 223 | 181 | 152 | 133 | 122 | 118 | 103 |

| Rb | Sr | In | Sn | Sb | Te | I | Xe |
| 298 | 245 | 200 | 172 | 154 | 142 | 132 | 124 |

（大小：$pm = 10^{-12}m$）

原子半徑的概念

鍵結半徑（rc）× 2

A^+　$\xleftarrow{-e^-}$　A　$\xrightarrow{+e^-}$　A^-

陽離子　　（中性）原子　　陰離子
（變小）　　　　　　　　　（變大）

原子增減電子數後會形成離子，各族會形成幾價的離子幾乎是固定的，呈現出明顯的週期性。

❶離子價

離子分成陽離子和陰離子，陽離子是中性原子失去電子後所形成的離子，而陰離子是中性原子獲得電子後所形成的離子。

A^+、A^{2+}、A^{3+}等離子因電荷量不同而有所分別，A^+為1價陽離子、A^{2+}為2價陽離子，以此類推，數字1、2等為離子價數，陰離子也是一樣的情況。在典型元素中，各族形成幾價的離子幾乎是固定的，離子價數會隨週期表呈現週期性變化。

❷離子化與閉殼結構

原子會形成什麼樣的離子，與2-7、2-8的電子組態有密切的關係。就原子而言，電子層填滿額定電子數的閉殼結構最為穩定，K層填滿的氦He、L層填滿的氖Ne都是典型的例子。

鋰Li是L層中具有1個電子的原子，釋放該電子後的電子組態會剩下K層的2個電子，形成跟氦一樣的閉合殼層。因此，鋰傾向釋放1個電子形成1價的陽離子Li^+。同理，鈹Be是在L層有2個電子的原子，會傾向形成2價的陽離子Be^{2+}。

另一方面，氟F是L層具有7個電子的原子，只要再增加1個就會變成8個電子，形成跟氖一樣的閉合殼層。因此，氟傾向取得1個電子形成1價的陰離子Fe^-。同理，氧O傾向形成2價的陰離子O^{2-}。

由此可知，離子價數會出現週期性。

離子價數

族	第1族	第2族	第13族	第14族	第15族	第16族	第17族	第18族
價數	+1	+2	+3	不形成離子	（－3）	－2	－1	不形成離子

游離化與電子組態的關係

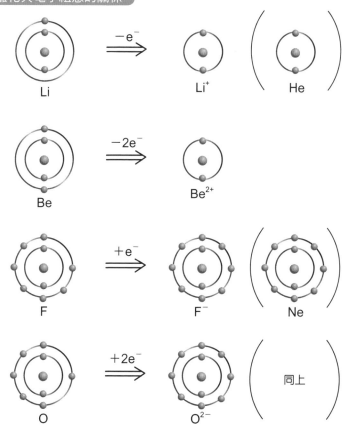

游離能的週期性

　　原子要釋放電子形成陽離子，就需要從外部獲取能量才行。這種用來形成陽離子所需要的能量，就稱為游離能。

❶週期性

　　右頁上圖是游離能與原子序的關係，呈現出鋸齒狀的變化，細看會發現其具有符合週期表的週期性。換言之，第1族的Li、Na游離能小，第18族的He、Ne游離能大，中間元素的游離能會隨原子序增加。

　　就能量的角度而言，跟上一節的內容相呼應。第1族容易形成陽離子，僅需一點能量就會離子化，與此相對，閉合殼層的第18族難以轉為不穩定的離子。然後，第17族容易形成陰離子、難以形成陽離子，所以需要較大的能量。

❷游離能

　　游離能可用**2-4**的下圖幫助理解，電子層具有固定的能階，圖形最上方是自由電子的能階。自由電子是不受原子核束縛的電子，也就是經由原子釋放出來的電子。

　　原子形成陽離子，代表要將最外層的電子轉為自由電子，需要給予電子兩者的能量差ΔE。該能量差就是游離能I_P，數值等同於最外層的軌域能階。游離能小的原子容易形成陽離子，而游離能大的原子難以形成陽離子。

　　然而，當自由電子進入（落至）原子的軌域會如何呢？這個過程會釋放兩者的能量差$\Delta E'$。而該能量差稱為電子親和力ΔE_A，電子

親和力大的原子容易成形陰離子，電子親和力小的原子難以形成陰離子。

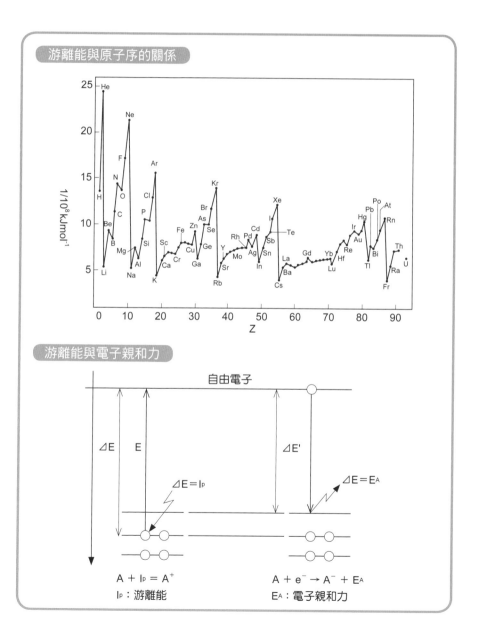

游離能與原子序的關係

游離能與電子親和力

　　元素具有吸引電子的力量，而電負度是描述該力量大小的指標，與週期表有著密切的關係。

❶電負度

　　上一節的游離能是用來描述其容不容易形成陽離子的指標，而電子親和力則是描述其容不容易形成陰離子的指標。兩者皆是數值愈大愈容易形成陰離子，也就是吸引電子的力量愈強。換言之，兩者取絕對值的平均，就可表示原子吸引電子的力量大小，而該平均數定義為電負度。

　　右頁上圖是週期表加上電負度的圖表，雖然順序跟4-1中的原子半徑相反，但跟週期表的排列相當一致。換言之，（除了第18族外）電負度會隨週期增加而變小，而同週期的電負度會隨原子序增加而變大。利用原子核和最外層電子的引力可有理解這個，也就是電負度和原子半徑基本上會呈現負相關。

❷電負度與氫鍵

　　電負度是簡單的概念，但卻有深刻的影響。在水H－O－H中，O－H鍵的氧電負度為3.5、氫電負度為2.1，使得O－H鍵的電子雲比較靠近氧。換言之，氧得到較多的電子，會帶有部分的負電荷（$\delta-$），而氫被奪走電子，帶有部分的正電荷（$\delta+$）。

　　結果，水分子與鄰近水分子的H和O間，就產生了靜電引力——氫鍵。在自然界當中，氫鍵扮演非常重要的角色，像是DNA的雙螺旋結構、遺傳上的分裂與複製、生命能夠傳承至下一代等等，歸根究底全部都是多虧了氫鍵。

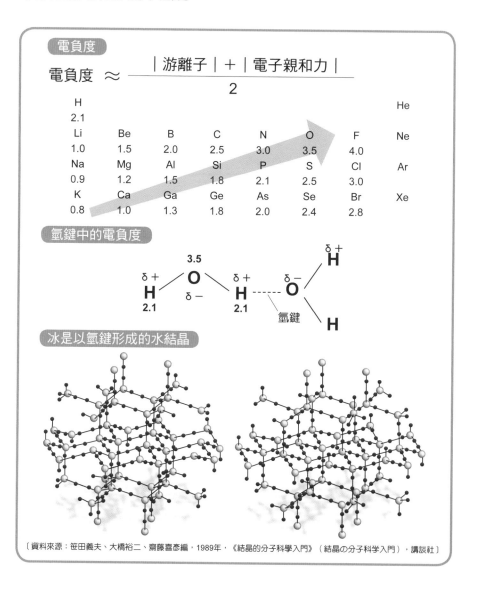

〔資料來源：笹田義夫、大橋裕二、齋藤喜彥編，1989年，《結晶的分子科學入門》（結晶の分子科學入門），講談社〕

酸性氧化物與鹽基性氧化物

　　原子與氧結合的氧化物，分為溶於水呈現酸性的酸性氧化物、呈現鹽基性的鹽基性氧化物，以及兼具兩種性質的兩性氧化物。某元素的氧化物是哪種性質，可直接由週期表判斷。

❶氧化物的水溶液

　　第1族元素的鈉Na與氧結合形成氧化鈉Na_2O，溶於水後會變成氫氧化鈉NaOH。NaOH是具代表性的鹽基（鹼）。另一方面，硫磺S氧化後會形成二氧化硫（亞硫酸氣體）SO_2，溶於水後會變成酸性的亞硫酸H_2SO_2。碳C氧化後會形成二氧化碳CO_2，溶於水後會變成酸性的碳酸H_2CO_3。

　　如上所述，氧化物溶於水後會分為形成酸的酸性氧化物，與形成鹼（鹽基）的鹽基性氧化物。

❷氧化物與週期表

　　右頁中圖是形成酸性氧化物與形成鹽基性氧化物的元素分布，可知鹽基性氧化物靠近週期表的左邊，而酸性氧化物則是靠近週期表的右上角。搭配上一節中的電負度，便可知電負度小的元素會形成鹽基性氧化物，而電負度大的元素會形成酸性氧化物。

　　所以能夠如下解釋：NaOH各元素的電負度如右頁下圖，由與氧鍵結的2個原子的電負度，可知Na的電負度小於H的電負度，Na的電子會比H的電子更容易被O強力拉走，造成Na脫離後形成Na^+、產生OH^-。

　　與此相對，在H_2SO_3中與O鍵結的H和S，由於H的電負度比較小，所以會脫離成H^+，形成酸。

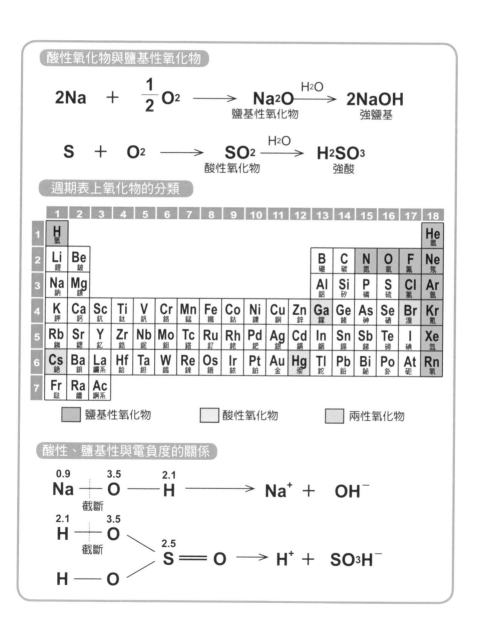

4-6 形成分子才出現的性質

　　水在室溫下會形成液體，在低溫下會形成固體，在高溫下則會形成水蒸氣。單一元素構成的物質單體也具有同樣的性質，會在不同溫度與壓力下改變物質狀態。

❶分子

　　前面主要是講解元素和原子的性質，但為了瞭解週期表，光有元素這個抽象概念不夠，還得進一步討論實際物質才行。然後當元素形成實際的物質後，出現在我們眼前的就是分子。

　　分子是複數原子集合而成的結構體，而連結原子形成分子的力量稱為（化學）鍵結。鍵結又分為許多種類，相關細節留到下一節再來說明。

❷單體與同素異形體

　　分子具有許多種類，僅由單一種元素構成的分子為單體，由不同種類元素構成的分子則為化合物。因此，氫分子H_2、氧分子O_2是單體分子，而水分子H_2O、氨分子NH_3是化合物分子。

　　然後，結構不同的單體彼此互為同素異形體。氧分子O_2和臭氧分子O_3皆為單體，彼此互為同素異形體。碳具有許多同素異形體，例如石墨（黑鉛）、鑽石、各種富勒烯、各種奈米碳管等等。

　　另外，即便是相同的分子，也會因不同的壓力、溫度呈現相異的性質。例如，水在常溫、常壓下為液體；在低溫、高壓下變成固體的冰結晶；在高溫、低壓下變成氣體的水蒸氣，三者間沒有分子

結構的變化，都是相同結構的水，差別僅是狀態不一樣而已。

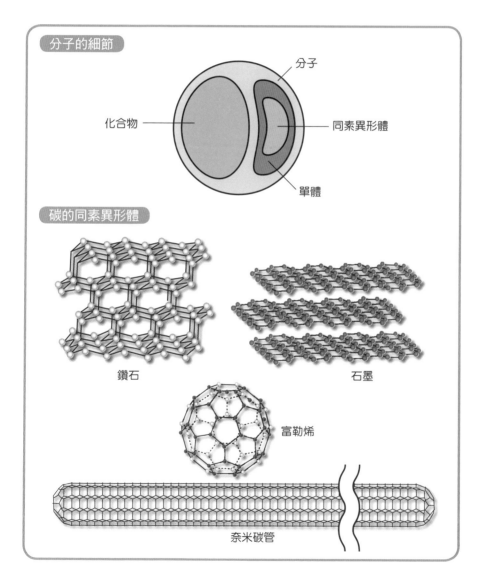

分子的細節

分子

化合物

同素異形體

單體

碳的同素異形體

鑽石

石墨

富勒烯

奈米碳管

化學鍵結有各種不同的種類，而元素的鍵結方式大致是固定的，與週期表有著密切的關係。

❶離子鍵

陰陽離子間的鍵結為離子鍵，是Na^+Cl^-等正電荷與負電荷之間的靜電引力，必須是容易游離的原子才會形成離子鍵。電負度愈大，就愈容易形成陰離子；電負度愈小，則愈容易形成陽離子。

因此，離子鍵容易發生在週期表兩端的原子之間，尤其是左下角的原子和右上角的原子，會形成強力的離子鍵結。

❷金屬鍵

金屬原子間形成的鍵結為金屬鍵，基本上發生在同種類的原子集團之間，金屬原子會釋放價電子形成自由電子，發揮類似膠水的功能來鍵結。因為電負度小才較為容易釋放自由電子，所以原子會位於週期表的左邊。

然後，原子半徑大也是重要的條件，遠離原子核的電子容易脫離原子核的束縛而形成自由電子。因此，金屬鍵通常發生於靠近週期表左下角的原子中。

❸共價鍵

共價鍵是2個原子互相提供1個電子來當作共用電子所形成的鍵結，所以容易發生在下述原子之間：

①相同的原子之間

②電負度接近的原子之間

③大小相近的原子之間

　　換言之，只要是不會形成金屬鍵的原子，原子間都有可能產生共價鍵，所以容易發生於靠近週期表右上角的原子之間。另外，這也適用於下一章的金屬元素及非金屬元素的分類。

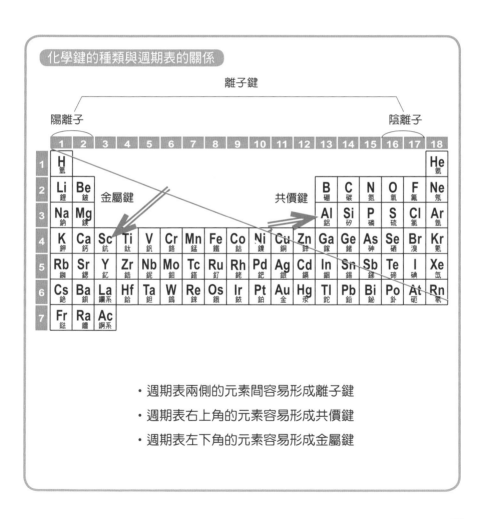

由物理性質看週期表

	1	2	3	4	5	6	7	8	9
1	$_1$H 氫								
2	$_3$Li 鋰	$_4$Be 鈹							
3	$_{11}$Na 鈉	$_{12}$Mg 鎂							
4	$_{19}$K 鉀	$_{20}$Ca 鈣	$_{21}$Sc 鈧	$_{22}$Ti 鈦	$_{23}$V 釩	$_{24}$Cr 鉻	$_{25}$Mn 錳	$_{26}$Fe 鐵	$_{27}$Co 鈷
5	$_{37}$Rb 銣	$_{38}$Sr 鍶	$_{39}$Y 釔	$_{40}$Zr 鋯	$_{41}$Nb 鈮	$_{42}$Mo 鉬	$_{43}$Tc 鎝	$_{44}$Ru 釕	$_{45}$Rh 銠
6	$_{55}$Cs 銫	$_{56}$Ba 鋇	鑭系	$_{72}$Hf 鉿	$_{73}$Ta 鉭	$_{74}$W 鎢	$_{75}$Re 錸	$_{76}$Os 鋨	$_{77}$Ir 銥
7	$_{87}$Fr 鍅	$_{88}$Ra 鐳	錒系	$_{104}$Rf 鑪	$_{105}$Db 𨧀	$_{106}$Sg 𨭎	$_{107}$Bh 𨨏	$_{108}$Hs 𨭆	$_{109}$Mt 䥑

鑭系	$_{57}$La 鑭	$_{58}$Ce 鈰	$_{59}$Pr 鐠	$_{60}$Nd 釹	$_{61}$Pm 鉕	$_{62}$Sm 釤	$_{63}$Eu 銪
錒系	$_{89}$Ac 錒	$_{90}$Th 釷	$_{91}$Pa 鏷	$_{92}$U 鈾	$_{93}$Np 錼	$_{94}$Pu 鈽	$_{95}$Am 鋂

在第5章中，我們要來看看熔點（固體變成液體的溫度）與週期表的關係，及各種分組元素的方式分別對應週期表的什麼地方等等，並且解說受到各界關注的稀有金屬這項資源究竟位於週期表的哪個位置。

10	11	12	13	14	15	16	17	18
								$_2$He 氦
			$_5$B 硼	$_6$C 碳	$_7$N 氮	$_8$O 氧	$_9$F 氟	$_{10}$Ne 氖
			$_{13}$Al 鋁	$_{14}$Si 矽	$_{15}$P 磷	$_{16}$S 硫	$_{17}$Cl 氯	$_{18}$Ar 氬
$_{28}$Ni 鎳	$_{29}$Cu 銅	$_{30}$Zn 鋅	$_{31}$Ga 鎵	$_{32}$Ge 鍺	$_{33}$As 砷	$_{34}$Se 硒	$_{35}$Br 溴	$_{36}$Kr 氪
$_{46}$Pd 鈀	$_{47}$Ag 銀	$_{48}$Cd 鎘	$_{49}$In 銦	$_{50}$Sn 錫	$_{51}$Sb 銻	$_{52}$Te 碲	$_{53}$I 碘	$_{54}$Xe 氙
$_{78}$Pt 鉑	$_{79}$Au 金	$_{80}$Hg 汞	$_{81}$Tl 鉈	$_{82}$Pb 鉛	$_{83}$Bi 鉍	$_{84}$Po 釙	$_{85}$At 砈	$_{86}$Rn 氡
$_{110}$Ds 鐽	$_{111}$Rg 錀	$_{112}$Cn 鎶	$_{113}$Nh 鉨	$_{114}$Fl 鈇	$_{115}$Mc 鏌	$_{116}$Lv 鉝	$_{117}$Ts 础	$_{118}$Og 鿫
$_{64}$Gd 釓	$_{65}$Tb 鋱	$_{66}$Dy 鏑	$_{67}$Ho 鈥	$_{68}$Er 鉺	$_{69}$Tm 銩	$_{70}$Yb 鐿	$_{71}$Lu 鎦	
$_{96}$Cm 鋦	$_{97}$Bk 鉳	$_{98}$Cf 鉲	$_{99}$Es 鑀	$_{100}$Fm 鐨	$_{101}$Md 鍆	$_{102}$No 鍩	$_{103}$Lr 鐒	

元素會呈現什麼樣的狀態呢？有像第18族這樣在常溫常壓（1大氣壓、25℃）下為原子型態的元素，也有像氫、氧等僅有分子型態的元素，下面就由單體來看元素的狀態吧。

❶元素的狀態

僅有第18族的元素能夠以直接原子型態存在，這些氣體元素又特別稱為單原子分子。其他以氣體存在的元素，僅有氫H_2、氮N_2、氧O_2、氟F_2、氯Cl_2，都是第1週期到第3週期的元素。

以液體存在的元素僅有汞Hg和溴Br_2兩種，還有溫度稍微升高會變成液體的銫Cs（熔點28.4℃）、鎵Ga（熔點29.8℃）等。其他的單體皆為固體，元素中大部分皆為單體固體。

❷狀態變化

常溫常壓下的氫為氣體，但溫度降至$-253℃$時會轉成液體、降至$-259℃$則會變成固體。即便是常作為冷媒的氦He，溫度降至$-272.2℃$也會變成固體。如上所述，所有物質都會因溫度或壓力的變化，轉變成液體或者是氣體。

右頁下圖是水的狀態圖，由3條曲線ab、ac、bc劃分成三個區塊I、II、III，當大氣壓P和溫度T的組合（PT）落在區塊I，水會呈現固體（冰）狀態，落在區塊II時會呈現液體狀態。

PT落在曲線上時，會是曲線相鄰的狀態共存，若落在曲線ab上，則液體和氣體同時存在，呈現沸騰狀態。由圖形可知，水在1大氣壓時的沸點為100℃。

　　曲線ad則表示冰直接變化（昇華）成氣體，冷凍乾燥就是利用此性質的技術。

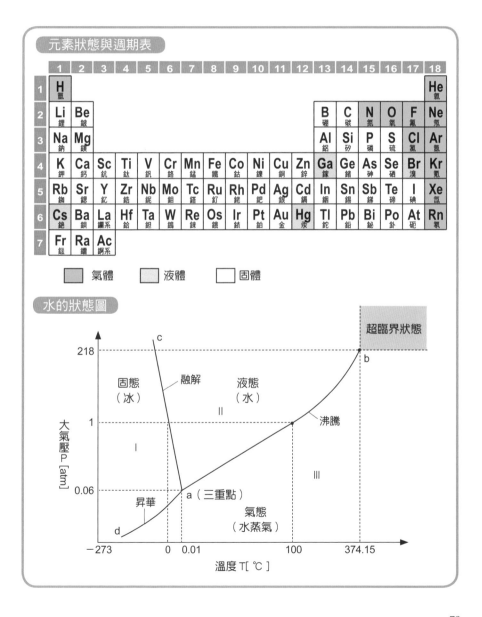

元素狀態與週期表

氣體　　液體　　固體

水的狀態圖

超臨界狀態

物質會因溫度或壓力而呈現出不同的狀態。

❶熔點與週期表

物質的狀態改變稱為相變，如同冰會在0℃時融化，且如同不存在冰和水的中間狀態般，相變是表示在某溫度下的不連續變化。

右頁上圖是各相變與其溫度名稱的關係；右頁下圖是單體熔點與週期表的關係。第1、2族愈往週期表下方的熔點愈低，這可想成原子核對電子的束縛趨緩，使得金屬性增加的緣故。第13、14族愈往週期表上方，熔點就愈高，這可想成是共價鍵性增加的緣故。

❷超臨界狀態

在上一節的狀態圖，右上角標示的超臨界區塊意味著什麼呢？

曲線ab並非無限延伸的直線，而是在點b就結束，超過點b後沸點便會消失，意味著不存在沸騰的狀態。這樣的點b稱為臨界點，而超過點b的狀態便為超臨界狀態。

超臨界狀態是難以區分液體和氣體的狀態，具有液體的比重、黏度，同時也會做氣體的分子運動。超臨界狀態具有與普通液體（水）、氣體（水蒸氣）不同的性質。換言之，超臨界狀態的溶解度高，甚至能夠溶解有機物，可作為有機化學反應的溶劑。這能夠有效減少有機廢棄物且環保，在當前的環境化學上備受關注。

　　另外，已經有學者提出，超臨界水和氧化劑等的組合物，能夠
有效分解米糠油中毒事件中的有害物質PCB（多氯聯苯）。

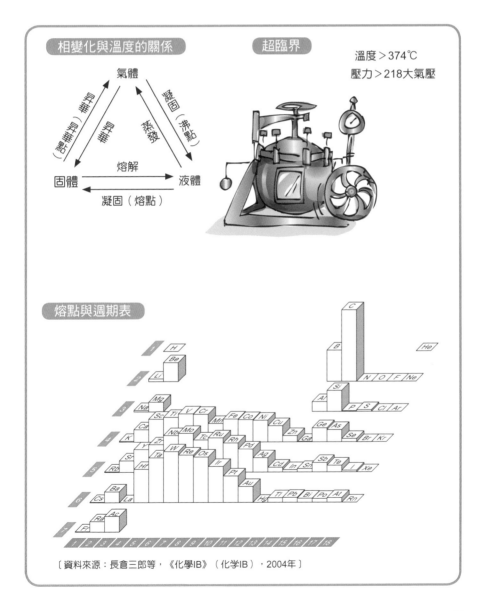

〔資料來源：長倉三郎等，《化學IB》（化学IB），2004年〕

5-1提到物質具有固體、液體、氣體等三態,但固體其實又分為兩個種類。

❶固體的種類

水晶(石英)和玻璃皆是主要成分為二氧化矽SiO_2的固體,但除了價格外,兩者還有其他不同的點——水晶是結晶,但玻璃不是。玻璃是非晶固體、非晶質(amorphous)或者簡單稱為玻璃質,性質與結晶不一樣。

所謂的結晶,是指當中的粒子(原子、分子)

①在三維空間中有規律的位置上(位置的規律性)

②朝向有規律的方向(方向的規律性)排列

與此相對,非晶質則是完全不具有這樣的規律性,粒子會在任意的位置朝向任意方向排列。

❷液體與非晶質固體

冰是水的結晶,加熱到熔點(0℃)以上時會融化成液體,但該液體冷卻至熔點以下時,又會再度變為結晶。這就像是在液體狀態下跑來跑去的水分子,一聽到「熔點囉!」的呼聲,就會迅速回到規定的座位上。

然而,二氧化矽的分子沉重又慵懶遲緩,即便到了熔點也沒辦法馬上回到座位。在這樣拖拖拉拉回座的過程中,又會因溫度降低而失去動能、停止運動,這樣的狀態就是非晶質固體。因此,非晶質固體可說是液體的凝塊或是結凍的液體。

單體固體多為結晶,但碳和矽也會形成非晶質個體,煤(碳

黑）、用於太陽能電池等的非晶矽都是無結晶性的固體。金屬的普通狀態為結晶，而非晶固體的性質與結晶金屬不同，作為近未來的材料備受關注。

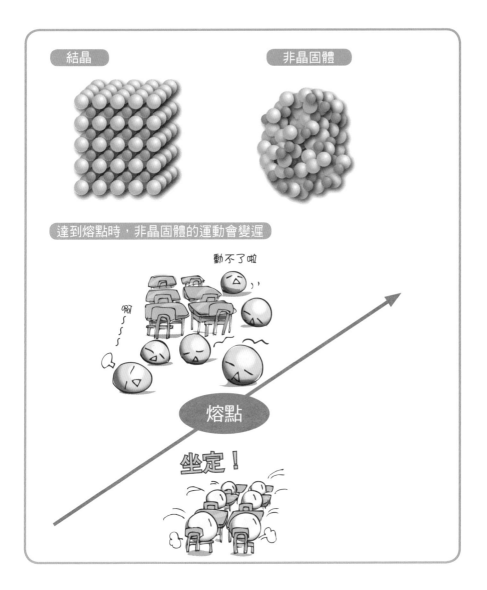

所有單體都會在低溫轉為結晶，不過結晶也分成許多種，接著就來討論結晶的種類吧。

❶結晶的種類

冰是水分子H_2O的結晶，食鹽（氯化鈉）是Na^+和Cl^-離子的結晶。

冰等由分子形成的結晶為分子晶體（參見**4-4**的圖），連接各分子的力量稱為分子間力，屬於弱鍵結。

另一方面，食鹽等離子形成的結晶為離子晶體，結晶構成粒子（離子）是以離子鍵結合（參見**4-7**）。與此相對，鑽石是碳C的結晶，以共價鍵結合所有的碳原子，這種結晶為共價晶體（covalent crystal，參見**4-6**的圖）。金屬也是結晶的一種，金屬的結晶為金屬晶體。

❷金屬鍵的種類

金屬是以**4-7**中的金屬鍵結合，自由電子則在金屬離子的周圍來回運動。金屬晶體就是金屬離子在三維空間中有規律的堆疊。可將金屬離子想像成球體，在堆疊時不必考慮粒子的方向，而是可以盡可能地在一定的空間中塞進大量球體。

在這個方針下，最密集的堆疊方式有立方最密堆積（面心立方堆積）和六方最密堆積，兩者都是球體占據空間的74％。緊接著是體心立方堆積，球體占據空間的68％。

　　約80％的金屬都是這三種晶體結構的其中之一，另外，有些金屬會根據溫度、壓力呈現各種晶形。下圖是晶體結構與週期表的關係。

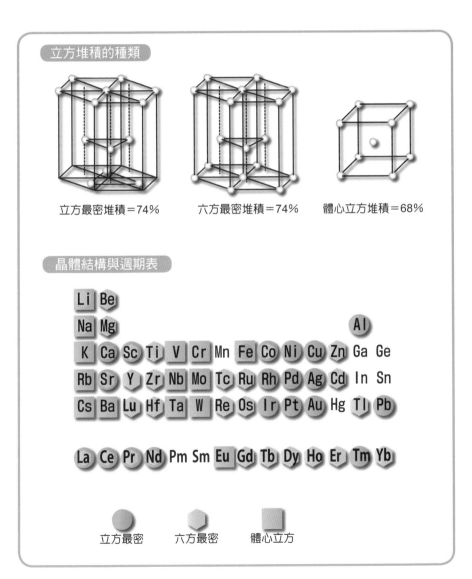

5-5 金屬元素的特色

元素可分為金屬元素和非金屬元素。

❶金屬元素的條件

金屬通常是指兼具下述3種性質的物質：

①具有金屬光澤

②具有優異的延展性

③具有優異的導電性

然而，這些性質並沒有明確的數值，所以金屬的界定也相當模糊籠統。

❷金屬與金屬鍵

不過，若考慮到①～③的性質皆來自於金屬鍵，金屬或許能限定為原子以金屬鍵結合的物質。

換言之，①的性質是金屬的自由電子因靜電排斥集中於金屬晶體的表面，造成光線無法進入結晶內部的緣故。

那麼，③的導電性與金屬鍵又有什麼關係呢？電流可視為電子的流動，定義帶負電荷的電子由右向左移動時，會產生由左向右流動的電流。因此，若金屬晶體內的自由電子移動性良好，則導電性會升高；若電子難以移動，則導電性會降低。

金屬離子的熱振動會妨礙自由電子的移動，熱振動愈激烈，電子就愈難從旁穿越，進而造成導電性降低。因此，想要降低金屬離子的熱振動時，不妨先試著降低溫度。

　　基於上述理由，金屬的導電度會隨溫度降低而提升。某些金屬降溫到極低溫時，導電度會接近無限大而進入超導狀態，此時的溫度就稱為臨界溫度。

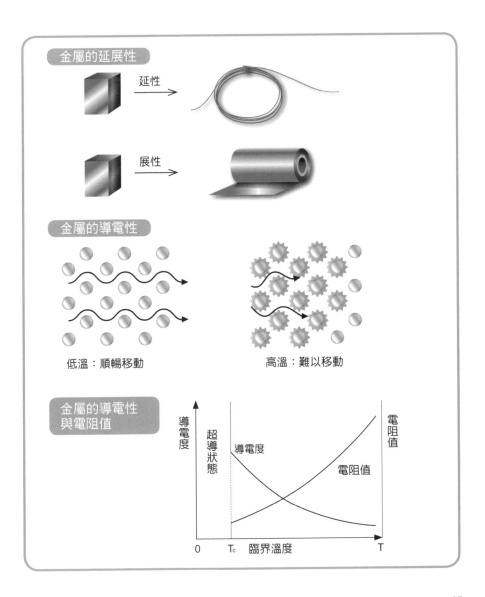

5-6 金屬元素與週期表

　　將元素分成金屬元素和非金屬元素時，金屬元素會占據絕大多數。

❶金屬元素

　　右頁圖是以顏色區分金屬、非金屬元素的週期表，明顯可知大部分都是金屬元素，非金屬元素僅有22種，且集中於週期表的右上角。

　　目前已經發現的元素有118種，所以剩下的96種都是金屬元素。即便範圍縮小到自然界存在的元素，92種中也有70種是金屬元素。由此可知，金屬占據元素中的絕大多數。

　　金屬元素中，落在第1、2族、第12～16族的典型元素，又另外稱為典型金屬元素，而過渡元素全部是金屬元素。

❷半金屬

　　如上一節所述，其實金屬元素和非金屬元素的區分並沒有明確的數值可分辨。

　　也因為如此，有些人認為金屬和非金屬之間存在半金屬，包含硼B、矽Si、鍺Ge、砷As、銻Sb、碲Te、鉍Bi、釙Po等等。其中，雖然矽、鍺是半導體，但非金屬的硒也是半導體，所以半導體性並非半金屬的特有性質。

　　半導體的特性是導電性，本身不是絕緣體，但卻也不是如同金屬的良導體。半導體是由共價鍵電子負責產生電流，必須給予充分的動能──熱能，才能使該電子帶有移動性。

　　因此，半導體的導電度會隨溫度上升而增加，這跟金屬的情況正好相反。

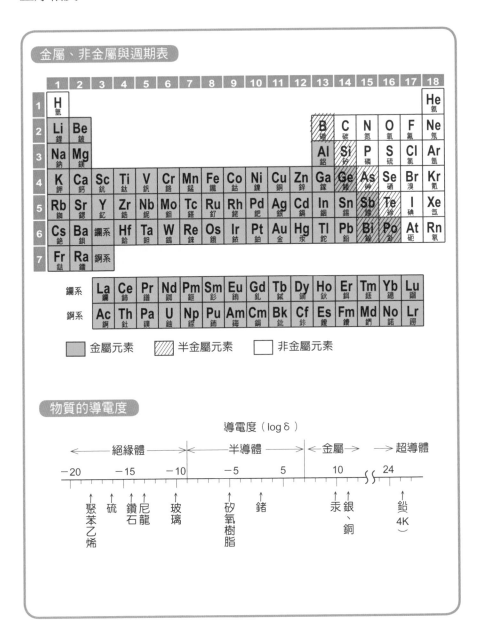

稀有金屬與稀土金屬

在現代科學與其應用的現代產業上，稀有金屬、稀土金屬是不可欠缺的關鍵元素。

❶稀有金屬

前面講解的元素分類是，①根據電子組態的理論性分類與②根據自然界傾向的實驗性分類。與此相對，稀有金屬是不具有任何理論基礎的③人為、政治性分類。

稀有金屬的英文是rare metal，意為稀少的金屬。然而，在超硬合金等的特殊合金、超強力磁鐵、超導體、發光體、特殊玻璃等等物品中，稀有金屬是不可欠缺的關鍵材料。因此，稀有金屬又被喻為現代科學的維生素或是白米飯。

如右頁上圖的週期表所示，排除第7週期後，目前共有47種稀有金屬。不過，此分類僅適用日本國內，其他國家可能有不同的分類方式。

❷稀土金屬

稀土金屬（稀土元素）是稀有金屬的一種。

稀土金屬跟稀有金屬不同屬於理論性分類，第3族元素中僅有週期表上面的3個元素群：鈧Sc、釔Y、鑭系元素。鑭系元素有15種，所以稀土金屬共有17種。換言之，全部47種稀有金屬當中，稀土金屬就占了約三分之一。

稀土金屬是超強力磁鐵、超導體、發光體、特殊玻璃等物品的關鍵材料，所以在稀有金屬中被視為特別珍貴的種類。日本的資源貧乏，缺乏稀有金屬、稀土金屬實是讓人遺憾。因此，我們應該想

辦法以科學的力量開發替代品，背負著向全世界提供該替代品的
使命。

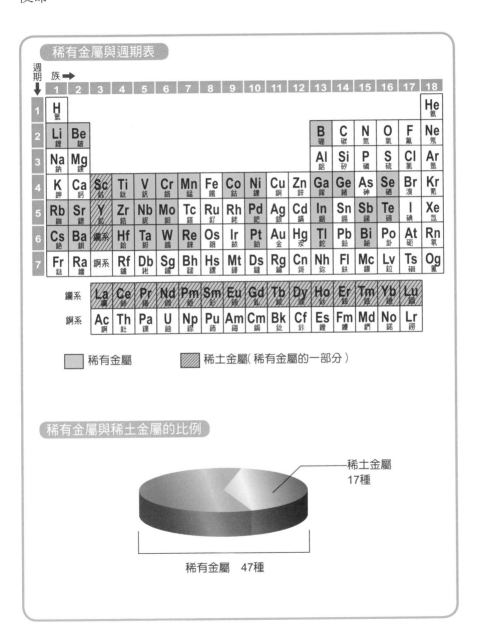

稀有金屬與週期表

□ 稀有金屬　　□ 稀土金屬（稀有金屬的一部分）

稀有金屬與稀土金屬的比例

稀土金屬
17種

稀有金屬　47種

稀有金屬分布不均

　　稀有金屬的種類多達47種，70種金屬元素中有超過一半都屬於「稀有」，但稀有性未必是指蘊藏量稀少。

❶稀有金屬的稀有性

　　稀有金屬的稀有性主要分為3個方面：

①資源含量稀少

②僅特定國家生產

③難以分離精製

　　其中，③適用大部分的稀有金屬——鑭系元素，這如同十五胞胎的元素群極為相似，非常難以單獨分離。

　　幾乎沒有元素僅因①而被認定為稀有金屬。除了稀有金屬，許多元素的資源蘊藏量都很稀少。實際上，在所有元素中，金Au的地殼蘊藏量排名第75，數量非常「稀少」，卻不歸類為稀有金屬。這是因為金在日本也有少量的生產，且是「沒有什麼用處」的金屬。

❷資源含量不均

　　與此相對，鈦Ti是地殼蘊藏量排名第10名的豐富金屬，卻被歸類為稀有金屬。這是因為鈦主要產自中國、澳洲，日本則幾乎沒有生產。

　　元素的蘊藏量會因國家出現顯著的差異，例如鉑Pt有90％都產自南非；鎢W有84％則產自中國。

　　日本生產稀有金屬的礦山，落於從關東區域北部到東北地區的黑礦帶，但蘊藏量並不多。雖然現今看好沉睡於大陸棚的錳核團塊

（manganese nodule），但採集過程並不容易。就日本的現況而言，若不進口稀有金屬，明顯會對科學及工商業帶來沉重的打擊。

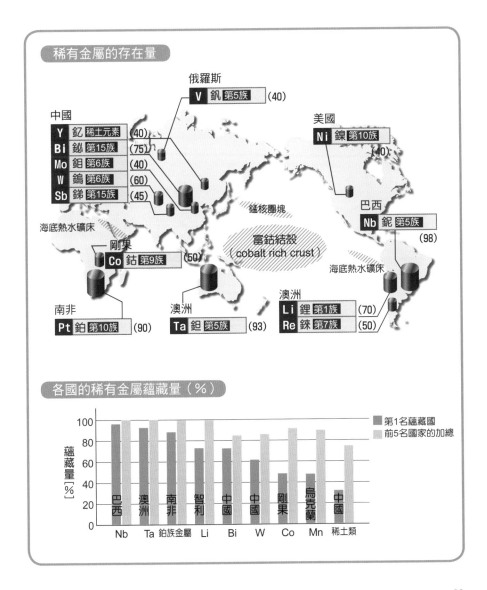

第 1、2、12 族元素

1	2	3	4	5	6	7	8	9

| 1 | ₁H 氫 | | | | | | | | |

| 2 | ₃Li 鋰 | ₄Be 鈹 |

| 3 | ₁₁Na 鈉 | ₁₂Mg 鎂 |

| 4 | ₁₉K 鉀 | ₂₀Ca 鈣 | ₂₁Sc 鈧 | ₂₂Ti 鈦 | ₂₃V 釩 | ₂₄Cr 鉻 | ₂₅Mn 錳 | ₂₆Fe 鐵 | ₂₇Co 鈷 |

| 5 | ₃₇Rb 銣 | ₃₈Sr 鍶 | ₃₉Y 釔 | ₄₀Zr 鋯 | ₄₁Nb 鈮 | ₄₂Mo 鉬 | ₄₃Tc 鎝 | ₄₄Ru 釕 | ₄₅Rh 銠 |

| 6 | ₅₅Cs 銫 | ₅₆Ba 鋇 | 鑭系 | ₇₂Hf 鉿 | ₇₃Ta 鉭 | ₇₄W 鎢 | ₇₅Re 錸 | ₇₆Os 鋨 | ₇₇Ir 銥 |

| 7 | ₈₇Fr 鍅 | ₈₈Ra 鐳 | 錒系 | ₁₀₄Rf 鑪 | ₁₀₅Db 𨧀 | ₁₀₆Sg 𨭎 | ₁₀₇Bh 鈹 | ₁₀₈Hs 𨭆 | ₁₀₉Mt 䥑 |

| 鑭系 | ₅₇La 鑭 | ₅₈Ce 鈰 | ₅₉Pr 鐠 | ₆₀Nd 釹 | ₆₁Pm 鉕 | ₆₂Sm 釤 | ₆₃Eu 銪 |

| 錒系 | ₈₉Ac 錒 | ₉₀Th 釷 | ₉₁Pa 鏷 | ₉₂U 鈾 | ₉₃Np 錼 | ₉₄Pu 鈽 | ₉₅Am 鋂 |

從第6章開始，我們會討論各族（縱向）的元素群。首先講解「典型元素」的第1族、第2族、第12族的元素群。第1族含有氫、鹼金屬；第2族含有鹼土金屬；第12族含有鋅、汞。

10	11	12	13	14	15	16	17	18
								₂He 氦
			₅B 硼	₆C 碳	₇N 氮	₈O 氧	₉F 氟	₁₀Ne 氖
			₁₃Al 鋁	₁₄Si 矽	₁₅P 磷	₁₆S 硫	₁₇Cl 氯	₁₈Ar 氬
₂₈Ni 鎳	₂₉Cu 銅	₃₀Zn 鋅	₃₁Ga 鎵	₃₂Ge 鍺	₃₃As 砷	₃₄Se 硒	₃₅Br 溴	₃₆Kr 氪
₄₆Pd 鈀	₄₇Ag 銀	₄₈Cd 鎘	₄₉In 銦	₅₀Sn 錫	₅₁Sb 銻	₅₂Te 碲	₅₃I 碘	₅₄Xe 氙
₇₈Pt 鉑	₇₉Au 金	₈₀Hg 汞	₈₁Tl 鉈	₈₂Pb 鉛	₈₃Bi 鉍	₈₄Po 釙	₈₅At 砈	₈₆Rn 氡
₁₁₀Ds 鐽	₁₁₁Rg 錀	₁₁₂Cn 鎶	₁₁₃Nh 鉨	₁₁₄Fl 鈇	₁₁₅Mc 鏌	₁₁₆Lv 鉝	₁₁₇Ts 石田	₁₁₈Og 氭

₆₄Gd 釓	₆₅Tb 鋱	₆₆Dy 鏑	₆₇Ho 鈥	₆₈Er 鉺	₆₉Tm 銩	₇₀Yb 鐿	₇₁Lu 鎦
₉₆Cm 鋦	₉₇Bk 鉳	₉₈Cf 鉲	₉₉Es 鎄	₁₀₀Fm 鐨	₁₀₁Md 鍆	₁₀₂No 鍩	₁₀₃Lr 鐒

　　第1族元素全部共有7個，除了氫以外皆為金屬元素，它們又被稱為鹼金元素。

❶電子結構

　　第1族元素的最外層皆帶有1個電子，因該電子會填進s軌域中而又稱為s區元素。由於釋出1個電子後就會是穩定的八隅體法則，第1族元素容易形成1價陽離子。

　　在第1族元素中，只有氫的性質不一樣，不是金屬而是氣體，以共價鍵結合成分子H_2。氫以外的元素都是固體的鹼金屬，具有劇烈的反應性，會與空氣中的濕氣、氧氣反應，所以需要保存於石油當中。

　　將鹼金屬鹽附著於鉑等金屬針的前端置入火焰當中，火焰會染上該金屬的特有顏色。此現象稱為焰色反應，常用於金屬鑑定及煙火染色。

❷鹼性

　　之所以稱為鹼金屬，是因為這些金屬帶有鹼性。所謂的鹼性，是指溶於水中時會釋出氫氧離子OH^-。將鈉Na置入水中會有劇烈的反應，產生氫氧化鈉NaOH和氫氣H_2。氫氣會因反應熱與氧氣反應引起爆炸，殘留於水中的NaOH完全游離後會形成Na^+和OH^-，使得水呈現鹼性。

氫氧化鈉等的鹼（鹽基）和鹽酸HCl等的酸反應後，會產生水、氯化鈉NaCl。這種酸鹼反應稱為中和，與水一同產生的物質通常稱為<u>鹽</u>。

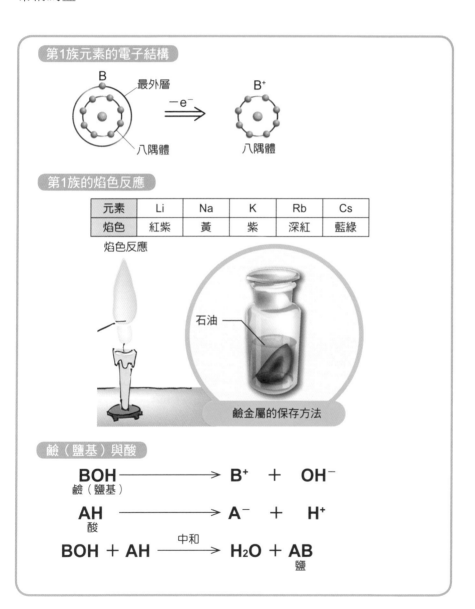

第1族元素的電子結構

B　最外層　　　　　B⁺

$-e^-$

八隅體　　　　　　八隅體

第1族的焰色反應

元素	Li	Na	K	Rb	Cs
焰色	紅紫	黃	紫	深紅	藍綠

焰色反應

石油

鹼金屬的保存方法

鹼（鹽基）與酸

$$BOH \longrightarrow B^+ + OH^-$$
鹼（鹽基）

$$AH \longrightarrow A^- + H^+$$
酸

$$BOH + AH \xrightarrow{\text{中和}} H_2O + AB$$
鹽

氫H是原子序1的元素，既是結構簡單的最小原子，也是宇宙中含量最多的元素。

❶ 氫原子

氫元素僅有1種，而氫原子至少具有3種。所有氫原子核都具有1個質子p，分為不帶中子n的^{1}H、帶1個中子的^{2}H（氘）、帶2個中子的^{3}H（氚），彼此互為同素異形體。

氫是大霹靂後最先產出的元素，聚集形成恆星後核融合成氦He，原子核融合產生的能量會造成恆星發光。

為了取得核融合產生的能量，人類也正在研究核融合反應。雖然已經作出以破壞為目的的氫彈，但可和平利用的核融合爐則尚未實用化。

❷ 氫分子

2個氫原子共價鍵會結成氫分子H_2，氫分子是最輕的氣體，常用來填充氣球、熱氣球等。然而，氫氣會與氧氣爆炸反應成水，產生巨大爆炸聲響，所以氫氣和氧氣的2：1（體積比）混合氣體，便特別稱為爆鳴氣（detonating gas）。

氫氣可作為氫燃料電池的燃料，這種電池的廢棄物僅會排放出水而已，所以作為環保的次世代電池備受關注，但需要考慮要如何保管及搬運具有爆炸性的氫氣。

氫氣會被某些金屬吸收，這些金屬稱為儲氫合金（hydrogen storage metal）。吸收的原理是氫氣鑽進金屬晶體的晶格縫隙，就好

比在裝滿蘋果（金屬原子）的箱子（金屬晶體）裡，將豆子倒進蘋果間的縫隙一樣。

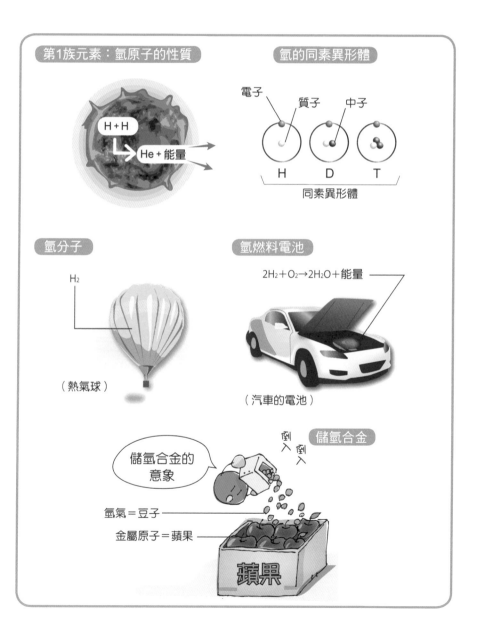

第1族元素：氫原子的性質

H＋H → He＋能量

氫的同素異形體

電子
質子
中子

H　D　T

同素異形體

氫分子

H_2

（熱氣球）

氫燃料電池

$2H_2＋O_2 → 2H_2O＋能量$

（汽車的電池）

儲氫合金

儲氫合金的意象

倒入
倒入

氫氣＝豆子

金屬原子＝蘋果

蘋果

氫以外的第1族元素是鹼金屬，皆是具有高反應性的固體金屬。

❶鋰Li

鋰是銀白色固體、比重0.53、熔點181℃的輕金屬。一般來說，比重5以下的金屬為輕金屬、5以上的金屬為重金屬。鋰是金屬中比重最小的金屬，質地柔軟且可用刀子切開。鋰是鋰電池的重要金屬原料，也是備受關注的憂鬱症治療藥，但必要量和過度量（中毒量）差距微小，在服用時須要小心注意。

❷鈉Na

鈉是比重0.97、熔點98℃的銀白色軟金屬，與鉀同樣是動物神經系統中司掌神經傳達的重要離子，可作為快滋生反應爐（fast breeder reactor）的冷卻劑（加熱介質）。鈉可經由食鹽NaCl的熔鹽電解（fused salt electrolysis）獲得。

❸鉀K

鉀是比重0.85、熔點64℃的銀白色軟金屬，具有劇烈的反應性，會與空氣中的濕氣反應燃燒，在處理時須要小心注意。

另外，鉀是植物不可欠缺的三大營養素之一，植物燃燒後有機物會轉為水及二氧化碳逸散，而鉀之類的金屬（一般稱為礦物質）會殘留成K_2CO_3等的碳酸鹽、氧化物，也就是俗稱的灰燼。因此，灰燼溶於水的灰水含有氫氧化鉀KOH等成分，使得灰水呈現鹼性（鹽基性）。

❹銣Rb

銣是比重1.53、熔點39℃的易熔金屬，與銫同為原子鐘的材料。雖然銣的精確度不如銫Cs，但對簡易型的原子鐘來說已經十分足夠（每3千～30萬年產生1秒的誤差）。

第1族元素／鋰、鈉、鉀、銣的性質

（鋰電池）

鋰（Li）
作為電池原料的金屬，也可用於混合動力車的電池。

> 智慧手機也是使用鋰電池

（快滋生反應爐）

鈉（Na）
從食鹽（NaCl）電解得到的金屬，除了當作神經傳遞物質外，也用於快滋生反應爐的冷卻劑。

> 快滋生反應爐曾經發生鈉洩漏的事故

（植物）

鉀（K）
植物不可欠缺的三大營養素，也含於灰水當中。

> 由於植物含有鉀（K），燃燒後會殘留灰燼（K_2CO_3）

銣（Rb）
用於原子鐘的金屬，具有每3000～30萬年產生1秒誤差的高精準度。

（原子鐘）

> 雖然精準度遜於銫，但價格便宜。

6個第2族元素當中，除了鈹Be、鎂Mg，剩餘4個元素稱為鹼土金屬。不過，也有人認為第2族元素＝鹼土金屬，將6個元素全部稱為鹼土金屬。

❶電子結構

第2族元素的最外層具有2個電子，會全部填進s軌域當中，所以跟第1族元素同樣稱為s區元素。釋出這2個電子後便會是穩定的閉合殼層，所以第2族元素全部都容易形成2價的陽離子。根據4-4的電負度解說，週期表愈往下電負度愈小，愈下面的元素也愈容易形成正的陽離子。大多跟第1族元素一樣會產生焰色反應，所以也會用於煙火等的染色，但鈹、鎂燃燒後為無色，不會產生焰色反應。

❷性質

假設第2族元素為文字M，與氫反應會產生氫化物MH_2。在這些化合物中，金屬原子M帶正電荷，氫則帶負電荷，所以可製作釋出氫離子H^-的試劑。

然後，第2族元素與氧反應會產生氧化物MO，氧化鈹BeO以外的氧化物，與水反應後會產生氫氧化物$M(OH)_2$。氫氧化物呈現鹼性，週期表愈往下鹼性愈強。這是因為週期表愈往下電負度愈小，所以$M(OH)_2$容易釋出2個OH^-形成2價陽離子M^{2+}的緣故。

如上所述，具有2個OH原子團釋出氫氧離子OH⁻的物質，一般稱為2價鹽基（鹼）。

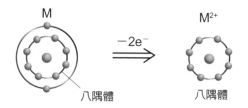

第2族元素的電子結構

M $\xrightarrow{-2e^-}$ M^{2+}

八隅體　八隅體

第2族的焰色反應

元素	Be	Mg	Ca	Sr	Ba	Ra
焰色	無色		橘紅	深紅	黃綠	紅

第2族元素的反應例子

$M + H_2 \longrightarrow MH_2$

$M + \dfrac{1}{2}O_2 \longrightarrow MO \xrightarrow{H_2O} M(OH)_2$

$M(OH)_2 \longrightarrow M^{2+} + 2OH^-$
鹽基（鹼）

$M(OH)_2 + HCl \longrightarrow M(OH)Cl + H_2O$
鹽

$M(OH)Cl + HCl \longrightarrow MCl_2 + H_2O$
正鹽

6-5 鎂與鈣的性質

在第2族元素中，鎂和鈣是與日常生活息息相關的元素。

❶鎂Mg

鎂是比重1.74的銀白色軟金屬。在人可於空氣中觸摸的金屬中，鎂是比重最小的金屬。摻雜少量鋁Al及鋅Zn的鎂合金輕盈耐用，可用於飛機或汽車的輪胎鋁圈等。然而，這種合金因為容易鏽蝕，表面須以高分子材料（合成樹脂）等等做塗層處理。

鎂的儲氫能力強大，能夠儲存自身重量7.6%的氫。

❷鈣Ca

鈣是比重1.48的銀白色金屬，由於常溫下會與水反應，無法直接當作結構材料來使用。

眾所皆知，鈣是人體骨骼、牙齒的結構成分，成人體內據說約含有1kg的鈣。在地殼中，鈣通常是以石灰岩（主要成分：碳酸鈣$CaCO_3$）的形式存在。石灰岩會溶於含有二氧化碳的水（碳酸水H_2CO_3），形成名為鐘乳洞的空洞。不過，當水中的二氧化碳變少，又會沉澱碳酸鈣形成鐘乳石、石筍。

氧化鈣（生石灰）CaO會吸水變成氫氧化鈣（消石灰）$Ca(OH)_2$，可當作食品的乾燥劑，但反應產生的劇熱可能引起火災、導致燙傷，處理時須要小心注意。

　　水泥的主要成分也含有高達65％的氧化鈣，這是利用溶於水形成氫氧化鈣再沉澱的性質。

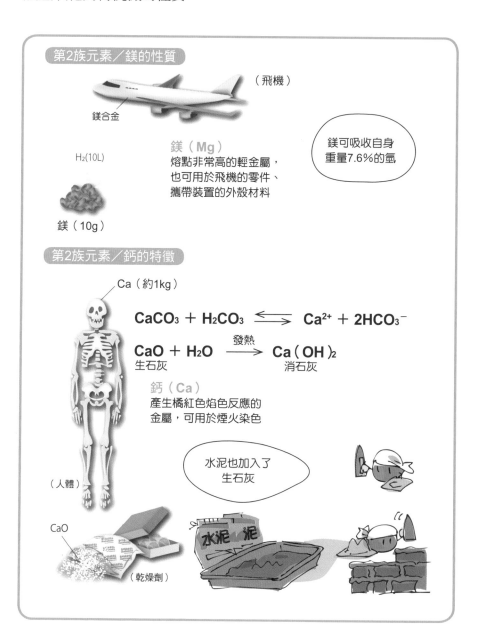

第2族元素／鎂的性質

（飛機）

鎂合金

鎂（Mg）
熔點非常高的輕金屬，也可用於飛機的零件、攜帶裝置的外殼材料

H_2(10L)

鎂可吸收自身重量7.6％的氫

鎂（10g）

第2族元素／鈣的特徵

Ca（約1kg）

$$CaCO_3 + H_2CO_3 \rightleftharpoons Ca^{2+} + 2HCO_3^-$$

$$CaO + H_2O \xrightarrow{\text{發熱}} Ca(OH)_2$$

生石灰　　　　　　　　　　消石灰

鈣（Ca）
產生橘紅色焰色反應的金屬，可用於煙火染色

水泥也加入了生石灰

（人體）

CaO

（乾燥劑）

第2族元素集結了個性豐富的元素。

❶ 鈹 Be

鈹是比重1.84、熔點高達2970℃的輕金屬，鈹合金的質地輕盈堅固，且具有撞擊時不易起火的優點。然而，鈹的缺點是具有劇烈的毒性，在處理時必須小心注意。

鈹的X光透射率高，可用於X光檢測器的窗口。另外，鈹也可當作原子爐的中子減速劑。

❷ 鍶 Sr

鍶是比重2.50、熔點769℃的輕金屬，會產生深紅色的焰色反應，是煙火染色不可欠缺的原料。

鍶是非常有名的輻射性元素，但原子彈等的輻射廢物中，帶有輻射性的是質量數90的同位素^{90}Sr，這在自然界當中並不存在。

❸ 鋇 Ba

鋇是比重3.59、熔點725℃的輕金屬，會與水產生劇烈的反應。雖然鋇是有毒金屬，但可當作X光的顯影劑，在進行胃部之類的X光檢查時，便會被要求喝下硫酸鋇$BaSO_4$，因為硫酸鋇本身不溶於水，所以不會對人體造成危害。而硫酸鋇以外的鋇化合物，則大多都是劇毒物質。

❹ 鐳 Ra

鐳是比重5、熔點700℃的金屬，是由居里夫婦於1898年發現的元素，其輻射性有名到可作為輻射性元素的代名詞。鐳的原子核衰

變後，會轉成具輻射性的氡Rn，鐳溫泉實際上是含有氡的溫泉。雖然高濃度輻射線對健康有害，但適量的低輻射線據說有益健康，這稱為毒物興奮效應（Hormesis），其中的作用機制尚不明瞭。

第2族元素／鈹、鍶、鋇、鐳的性質

Be合金
（飛機零件）

鈹（**Be**）
熔點非常高的輕金屬，也可用於飛機的零件、原子爐的中子減速劑、X光檢測器

（煙火）

鍶（**Sr**）
產生深紅色焰色反應的金屬，可用於煙火染色

（鋇）

鋇（**Ba**）
有毒的金屬，X光顯影劑使用的是無毒不溶性的硫酸鋇

鐳（**Ra**）
由居里夫婦發現的金屬，原子核衰變後會變成具輻射性的氡（Rn）

第12族元素的性質

第12族元素又可稱為鋅族元素，集結了各種不容小覷的金屬。

❶鋅Zn

鋅是比重7.1、熔點419℃的重金屬，鋅銅合金的黃銅是散發金色光澤的美麗金屬。鍍鋅的鐵板稱為白鐵皮，其不易生鏽的性質可用於戶外的簡易建築物等。在化學的電池原型中，鋅則常作為鈕扣電池的負極。

鋅是生理上重要的微量元素，與超過100種的酵素活性有關，人體缺乏時會對精子形成及味覺感知等帶來不好的影響。

❷鎘Cd

鎘以引起富山縣神通川流域公害「痛痛病」的原因物質而聞名，性質跟同為第12族的鋅相似，常與鋅混在一起產出。由於鎘過去沒有明顯的用處，而被當成精煉過程的雜質排放至河川，穀物吸收滲透至土壤中的鎘，再經由飲食進入體內堆積，最後就造成了痛痛病。

鎘現在是原子爐重要的中子吸收劑。另外，在太陽能電池之一的化合物太陽電池中，鎘也是備受關注的關鍵元素。

❸汞Hg

汞是比重13.54、熔點－38.9℃、沸點356.7℃的液體金屬，以有毒物質、水俣病的原因物質而聞名，可與各種金屬製成泥狀汞合金（汞齊）。將金汞合金塗於金屬上加熱，可讓汞蒸發逸散僅殘留下

金，奈良的大佛像就是這樣完成鍍金處理。但這樣一來，蒸發的汞蒸氣應該會瀰漫於奈良盆地，這難道不會造成大規模的水銀公害嗎？

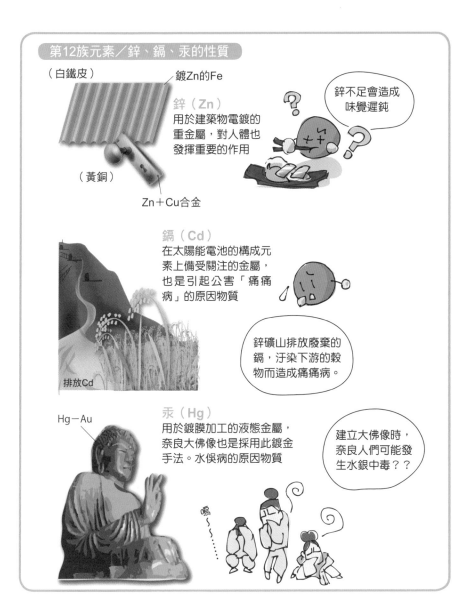

第12族元素／鋅、鎘、汞的性質

（白鐵皮）　鍍Zn的Fe

鋅（Zn）
用於建築物電鍍的重金屬，對人體也發揮重要的作用

鋅不足會造成味覺遲鈍

（黃銅）
Zn＋Cu合金

鎘（Cd）
在太陽能電池的構成元素上備受關注的金屬，也是引起公害「痛痛病」的原因物質

排放Cd

鋅礦山排放廢棄的鎘，汙染下游的穀物而造成痛痛病。

Hg－Au

汞（Hg）
用於鍍膜加工的液態金屬，奈良大佛像也是採用此鍍金手法。水俁病的原因物質

建立大佛像時，奈良人們可能發生水銀中毒？？

嗚～

第 13 ～ 15 族元素

	1	2	3	4	5	6	7	8	9
1	₁H 氫								
2	₃Li 鋰	₄Be 鈹							
3	₁₁Na 鈉	₁₂Mg 鎂							
4	₁₉K 鉀	₂₀Ca 鈣	₂₁Sc 鈧	₂₂Ti 鈦	₂₃V 釩	₂₄Cr 鉻	₂₅Mn 錳	₂₆Fe 鐵	₂₇Co 鈷
5	₃₇Rb 銣	₃₈Sr 鍶	₃₉Y 釔	₄₀Zr 鋯	₄₁Nb 鈮	₄₂Mo 鉬	₄₃Tc 鎝	₄₄Ru 釕	₄₅Rh 銠
6	₅₅Cs 銫	₅₆Ba 鋇	鑭系	₇₂Hf 鉿	₇₃Ta 鉭	₇₄W 鎢	₇₅Re 錸	₇₆Os 鋨	₇₇Ir 銥
7	₈₇Fr 鍅	₈₈Ra 鐳	錒系	₁₀₄Rf 鑪	₁₀₅Db 𨧀	₁₀₆Sg 𨭎	₁₀₇Bh 𨨏	₁₀₈Hs 𨭆	₁₀₉Mt 䥑

鑭系	₅₇La 鑭	₅₈Ce 鈰	₅₉Pr 鐠	₆₀Nd 釹	₆₁Pm 鉕	₆₂Sm 釤	₆₃Eu 銪
錒系	₈₉Ac 錒	₉₀Th 釷	₉₁Pa 鏷	₉₂U 鈾	₉₃Np 錼	₉₄Pu 鈽	₉₅Am 鎇

在第7章，我們要來看第13族到第15族的元素群。這些元素群也是「典型元素」的同伴，根據各族的第一個元素，第13族又稱為硼族元素；第14族又稱為碳族元素；第15族又稱為氮族元素。

10	11	12	13	14	15	16	17	18
								$_2$He 氦
			$_5$B 硼	$_6$C 碳	$_7$N 氮	$_8$O 氧	$_9$F 氟	$_{10}$Ne 氖
			$_{13}$Al 鋁	$_{14}$Si 矽	$_{15}$P 磷	$_{16}$S 硫	$_{17}$Cl 氯	$_{18}$Ar 氬
$_{28}$Ni 鎳	$_{29}$Cu 銅	$_{30}$Zn 鋅	$_{31}$Ga 鎵	$_{32}$Ge 鍺	$_{33}$As 砷	$_{34}$Se 硒	$_{35}$Br 溴	$_{36}$Kr 氪
$_{46}$Pd 鈀	$_{47}$Ag 銀	$_{48}$Cd 鎘	$_{49}$In 銦	$_{50}$Sn 錫	$_{51}$Sb 銻	$_{52}$Te 碲	$_{53}$I 碘	$_{54}$Xe 氙
$_{78}$Pt 鉑	$_{79}$Au 金	$_{80}$Hg 汞	$_{81}$Tl 鉈	$_{82}$Pb 鉛	$_{83}$Bi 鉍	$_{84}$Po 釙	$_{85}$At 砈	$_{86}$Rn 氡
$_{110}$Ds 鐽	$_{111}$Rg 錀	$_{112}$Cn 鎶	$_{113}$Nh 鉨	$_{114}$Fl 鈇	$_{115}$Mc 鏌	$_{116}$Lv 鉝	$_{117}$Ts 础	$_{118}$Og 氬

$_{64}$Gd 釓	$_{65}$Tb 鋱	$_{66}$Dy 鏑	$_{67}$Ho 鈥	$_{68}$Er 鉺	$_{69}$Tm 銩	$_{70}$Yb 鐿	$_{71}$Lu 鎦
$_{96}$Cm 鋦	$_{97}$Bk 鉳	$_{98}$Cf 鉲	$_{99}$Es 鑀	$_{100}$Fm 鐨	$_{101}$Md 鍆	$_{102}$No 鍩	$_{103}$Lr 鐒

根據該族第一個原子硼B，第13族元素又稱為硼族元素，不過硼以外的元素又可稱為土族金屬（earth metal）。

❶電子結構

第13族元素的最外層具有3個電子，釋放這3個電子便會形成八隅體，所以第13族元素容易形成3價陽離子。

然而，該族中最小的原子硼，很難以游離電子形成穩定的離子，大多是以共價鍵結合成分子，使用3個電子產生3條共價鍵。由於這樣的性質，硼被歸類為非金屬。

如上所述，同族元素中的第一個元素，也就是第2週期的元素經常展現不同的性質，這多半是原子半徑過小的緣故。

鋁Al到鉈Tl等其他4個元素具有金屬的性質，因通常以礦物的形式存在，又稱為土族金屬。另外，最後面的鉨因性質不明確，所以不歸類為土族金屬。

❷性質

如表格所示，有些第13族元素會產生焰色反應。

假設將第13族元素設為文字M，則與氫反應會產生氫化物MH_3；與氧反應會產生氧化物M_2O_3。鋁的氧化物——氧化鋁（鋁礬土）Al_2O_3會形成緻密結構的皮膜，能夠阻止金屬進一步氧化，這樣的狀態稱為鈍化（passivation）。

另外，第13族元素會跟鹵素（第17族元素、一般式為X）鍵結成MX_3。其中，硼與鋁的氧化物具有強烈的酸（路易士酸：Lewis acid）性質，可用於有機反應的催化劑。

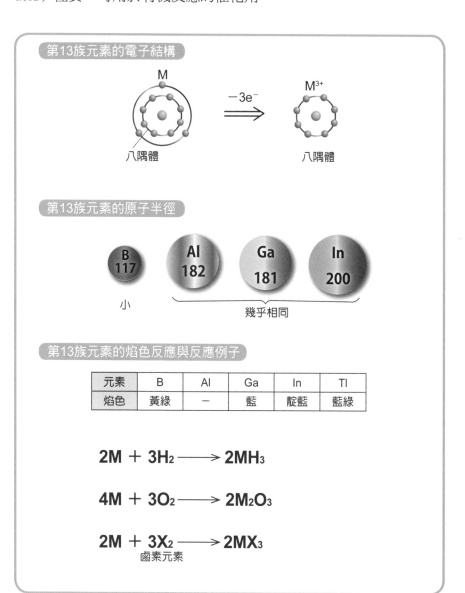

第13族元素的電子結構

M

$-3e^-$

M^{3+}

八隅體

八隅體

第13族元素的原子半徑

B 117

Al 182

Ga 181

In 200

小

幾乎相同

第13族元素的焰色反應與反應例子

元素	B	Al	Ga	In	Tl
焰色	黃綠	－	藍	靛藍	藍綠

$$2M + 3H_2 \longrightarrow 2MH_3$$

$$4M + 3O_2 \longrightarrow 2M_2O_3$$

$$2M + 3X_2 \longrightarrow 2MX_3$$
鹵素元素

7-2 硼與鋁的性質

在第13族元素中，硼和鋁是與日常生活息息相關的元素。

❶ 硼 B

硼是比重2.34、熔點高達2092℃的輕元素，硬度有9.5的微黑色固體，是繼鑽石第二硬的單體物質。

就身邊常見的用途而言，摻雜硼酸H_3BO_3的硼酸糰可用來消滅蟑螂，硼酸水溶液也可當作消毒劑來使用。而像是摻雜氧化硼B_2O_3的派熱克斯（Pyrex）玻璃等硼玻璃商品可用於理化器材、調理器具。摻雜氧化硼能夠降低熱膨脹率，使得玻璃不易因熱變化而碎裂。

硼可直接當作半導體（本質半導體：intrinsic semiconductor），也可摻雜矽Si作成p型半導體。p型半導體是太陽能電池的重要原料。

❷ 鋁 Al

鋁是比重2.7、熔點660℃的輕金屬，導電度僅次於銀、銅，可當作高壓電線等的材料。像是建築材料的鋁製框架、航太材料的杜拉鋁（duralumin）等輕量合金、鋁罐等等，是現代生活不可或缺的金屬。

鋁是繼氧、矽後地殼蘊藏量第三多的金屬，以氧化鋁Al_2O_3的形式存在。原本想要將氧化鋁還原成鋁是非常困難的事情，但後來霍爾（Charles Hall）和埃魯（Paul Heroult）於1886年確立了電解還原的技術。

然而，光電解還原1個350ml鋁罐的鋁量，就需要相當20W螢光燈連續點亮15小時的電力。因此，鋁罐又被比喻為電力的罐頭。

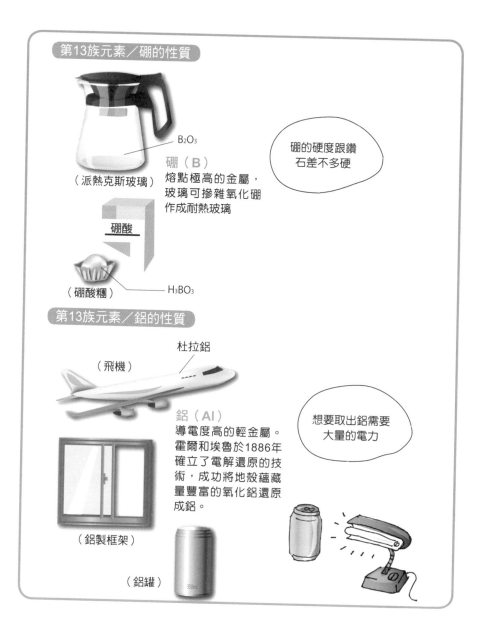

第13族元素／硼的性質

B_2O_3

硼（B）

（派熱克斯玻璃）

熔點極高的金屬，玻璃可摻雜氧化硼作成耐熱玻璃

硼的硬度跟鑽石差不多硬

硼酸

（硼酸糰）　　H_3BO_3

第13族元素／鋁的性質

杜拉鋁

（飛機）

鋁（Al）

導電度高的輕金屬。霍爾和埃魯於1886年確立了電解還原的技術，成功將地殼蘊藏量豐富的氧化鋁還原成鋁。

想要取出鋁需要大量的電力

（鋁製框架）

（鋁罐）

第13族元素是位於包含堪稱本質半導體代表的矽Si、鍺Ge，第14族旁邊的元素，可作為雜質半導體、化合物半導體等的原料，與半導體具有密切的關係。

① 鎵Ga

鎵是比重5.9的微藍色金屬，特色是熔點非常低，僅有29.8℃，但沸點卻高達2200℃。

鎵可與第15族元素的砷，結合成化合物半導體之一的砷化鎵半導體，是各種電子裝置（元件）不可或缺的原料。另外，鎵與氮結合的氮化鎵GaN是有名的藍光二極體。

② 銦In

銦是銀白色的軟金屬，最大的用途是作成透明電極。

所謂的透明電極，是指如同玻璃般透明卻能夠流通電流，可用於各種顯示螢幕的電極，例如手機螢幕、液晶電視螢幕、電腦螢幕等等。換言之，若沒有透明電極，所有電極都是不透明的金屬電極，手機、薄型電視的畫面就都會被電極遮住，一片漆黑什麼也看不見。

透明電極是將氧化銦In_2O_3、氧化錫SnO_2（錫的英文為Tin）真空濺積（vacuum deposition）至玻璃的產物，故又稱為ITO電極。

③ 鉈Tl

鉈是熔點303℃的銀白色軟金屬，thallium的希臘語意為「綠色的小樹枝」，因焰色反應為綠色而得名，但性質卻不像綠色的小樹枝一般溫和，而是一種猛毒。自古許多人被下毒鉈，實際的喪命數

可能是紀錄的好幾倍或者好幾十倍，但事到如今也難以查證。之前曾有日本女高中生用鉈毒害母親的新聞，至今仍讓人記憶猶新。

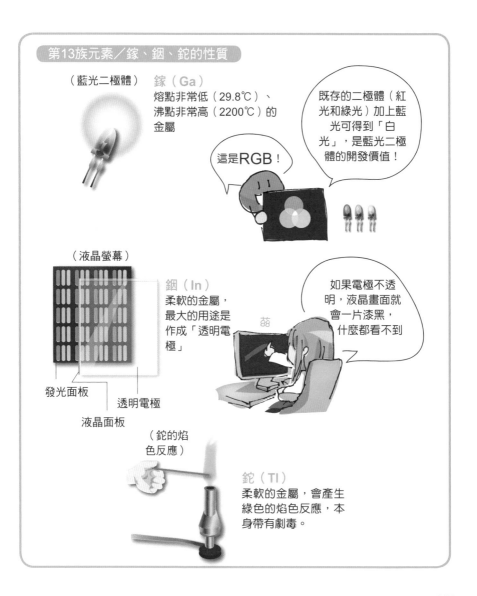

第13族元素／鎵、銦、鉈的性質

（藍光二極體）

鎵（Ga）
熔點非常低（29.8℃）、沸點非常高（2200℃）的金屬

既存的二極體（紅光和綠光）加上藍光可得到「白光」，是藍光二極體的開發價值！

這是RGB！

（液晶螢幕）

銦（In）
柔軟的金屬，最大的用途是作成「透明電極」

如果電極不透明，液晶畫面就會一片漆黑，什麼都看不到

發光面板

透明電極

液晶面板

（鉈的焰色反應）

鉈（Tl）
柔軟的金屬，會產生綠色的焰色反應，本身帶有劇毒。

7-4 第14族元素的性質

根據該族第一個元素碳C，第14族元素又稱為碳族元素。

❶電子組態

6個第14族元素的最外層皆具有4個價電子，電子填進的最高能階軌域是p軌域，所以跟第13族一樣又稱為p區元素。

第14族元素幾乎占據了典型元素（第1、2、12～18族元素）的中央，落於左側金屬元素群和右側金屬元素群的中間，帶有獨特的性質。矽Si、鍺Ge等，多是單體本身即為半導體的本質半導體，跟週期表上的位置分布有關。其中，錫Sn也是半導體的一種。

6個原子當中，最小的碳C和第二小的矽是非金屬；下面的鍺、錫是半金屬；鉛以後的是金屬，包含三種元素種類也是因為位於典型元素的中央。

❷性質

第14族上面的元素是共價鍵結；下面的元素是金屬鍵結，週期表的上下呈現不同的鍵結方式。換言之，碳和矽會形成共價鍵化合物；鍺、錫會形成共價鍵或者金屬鍵。而鉛基本上會形成金屬鍵，出現了多種多樣的鍵結方式。

碳和矽具有成鏈性（catenation），複數相同原子容易鍵結成長鏈狀。

　　碳和矽幾乎不會轉為離子，其他的元素則容易形成2價陽離子，但鍺會變成4價陽離子。

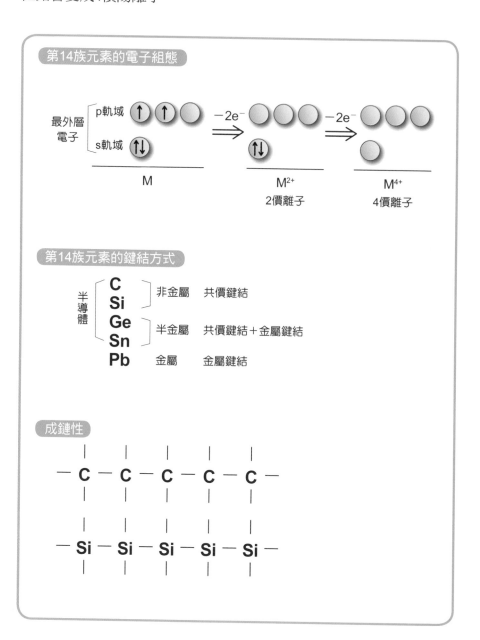

碳和矽的性質

　　碳C是有機化合物的主要元素，而矽Si是半導體的主要化合物，兩者皆是重要的元素。

❶ 碳C

　　如4-6所述，碳有鑽石、石墨等多種同素異形體，彼此的物性差異極大，沒有辦法簡單概述。

　　碳是有機化合物的核心元素，以及生物體的主要構成元素，但除此之外，碳也是塑膠等高分子化合物的主要元素，用於眾多產業活動、社會活動中，充斥了日常生活的各個角落。

　　儘管化石燃料會造成環境問題，但少了碳化合物燃燒產生的能量，的確無法維持現代社會的運作。最近，在有機超導體、有機磁鐵、有機半導體、有機太陽能電池等領域，更是顛覆了過往的有機物常識。想必碳的活躍情境今後也將會繼續延伸下去。

❷ 矽Si

　　矽是地殼中繼氧O後第二多的元素，也是土砂、岩石的主要構成元素。矽是比重2.33的輕元素，但熔點高達1410℃，本身是略帶藍色的暗灰色固體。

　　矽的最大特性是半導體性，現代社會可以說是電子元件組成的社會，而電子元件是由半導體構成，缺少矽將可能動搖現代社會的根本。然而，矽最近出現短缺的現象，價格不斷高漲攀升。其實，用於半導體的矽不是普通的矽，而是純度高達99.999999999％（eleven nine）的矽氧樹脂。想要製造這種矽氧樹脂，需要先進的

技術、工廠以及大量的電力，使得價格相當昂貴。於是，人們開始
關注有機物，也就是同為第14族元素的碳。

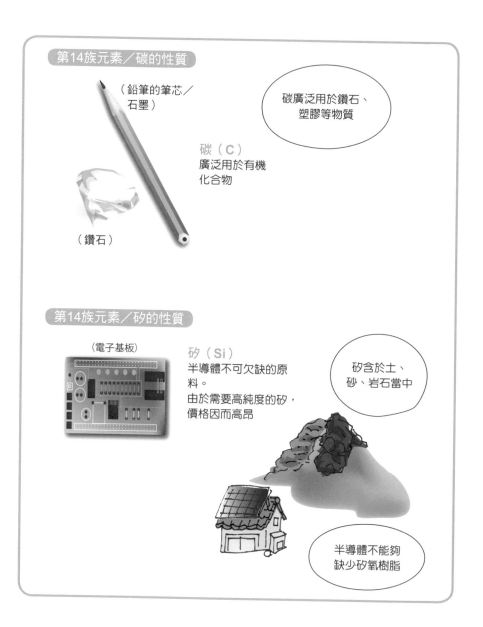

第14族元素／碳的性質

（鉛筆的筆芯／
石墨）

碳廣泛用於鑽石、
塑膠等物質

碳（C）
廣泛用於有機
化合物

（鑽石）

第14族元素／矽的性質

（電子基板）

矽（Si）
半導體不可欠缺的原
料。
由於需要高純度的矽，
價格因而高昂

矽含於土、
砂、岩石當中

半導體不能夠
缺少矽氧樹脂

這節來看看碳C、矽Si以外的第14族元素。

❶鍺Ge

鍺是比重5.32、熔點938℃的灰色固體,過去曾與矽氧樹脂(矽Si)並稱本質半導體的雙雄,但現在是具優異溫度特性的矽氧樹脂較受到青睞。

玻璃摻雜鍺可用於光學領域,提高折射率、增加紅外線穿透率。

❷錫Sn

錫是熔點低至232℃的灰色金屬,根據結晶形式又分為 α(灰色)錫、 β(白色)錫、 γ 錫,比重各不相同: α 錫的比重是5.75、 β 錫的比重是7.31。在室溫下會是比重大(體積小)的 β 錫,當溫度降至 -30℃左右會變成體積大的 α 錫,造成錫製品逐漸崩壞,因看起來像是生病而稱為錫害(tin pest)。當溫度高達161℃,錫就會變成 γ 錫。

除了用於餐具,鐵板鍍錫後會變成馬口鐵。同時,錫也用於液晶顯示器等的透明電極材料。

❸鉛Pb

鉛是比重11.4、熔點328℃、質地柔軟的藍灰色重金屬,可作為鉛蓄電池、焊料的材料或者釣魚的鉛錘,是與人類息息相關的金屬,但由於其明顯的有害性,遂逐漸不再被使用。

年輕時聰穎的羅馬皇帝尼祿(Nero),之後之所以做出如同瘋子般的行動,有一種說法就是因為鉛中毒。當時,人們會將酸葡萄

酒加進鉛鍋中加熱，讓葡萄酒的酒石酸轉為帶甜味的酒石酸鉛，據說尼祿皇帝就喝了大量的酒石酸鉛。

不過，為了提高折射率，鉛玻璃會混入約25％的氧化鉛PbO_2。另外，在輻射線的屏蔽材料方面，鉛也是不可欠缺的素材。

第14族元素／鍺、錫、鉛的性質

（鍺半導體檢測器）

鍺（**Ge**）
用於半導體元件，但目前的主流原料是矽

鍺可用於光學領域

錫（**Sn**）
具有多數同素異形體的金屬，可用於餐具、馬口鐵

（馬口鐵）

鍍Sn的Fe

錫也可用於液晶螢幕

（電池）

鉛（**Pb**）
質地柔軟的重金屬，可用於鉛蓄電池、焊料，但本身具有毒性

葡萄酒中的酒石酸與鉛的反應

COOH
|
CHOH
|
CHOH
|
COOH
酒石酸（酸）

Pb →

COO
|
CHOH
|
CHOH
|
COO
酒石酸鹽（甜）

Pb

根據該族第一個元素氮，第15族元素又稱為氮族元素（Pnictogen）。氮N、磷P、砷As為非金屬；銻Sb、鉍Bi為半金屬，是第一個完全沒有金屬元素的族群。

❶電子結構

第15族元素的最外層具有5個價電子，其中3個填進p軌域形成3個不成對電子。

只要再獲得3個電子，最外層就會是穩定的八隅體，故通常容易形成3價的陰離子。然而，第15族上面的氮、磷不形成離子，大多以共價鍵結合，使用3個不成對電子產生3條共價鍵。

第15族元素位於第14族元素的旁邊，多出1個價電子，少量摻雜至第14族元素中，可作成電子過剩的n型半導體。然後，與第13族元素以相同莫耳數混合的等莫耳混合物，可當作化合物半導體用於各種電子元件及化合物太陽能電池。磷、砷、銻燃燒後皆會產生藍色的焰色反應，這可能就是以前人們口中的鬼火。

❷性質

如上所述，第15族上面的元素是以共價鍵結合，下面的元素是以共價鍵或者金屬鍵結合。

假設第15族元素為文字M，所有元素會與3個氫結合成氫化合物MH_3。而氧化物的一般式為M_2O_3，都是產生3條（3價）共價鍵的反

應。不過，氮、磷存在各種氧化物，磷有P_4O_6、P_4O_8、P_4O_{10}等，而氮的氧化物一般稱為NOx（氮氧化物），分子式和物性如下表所示。另一方面，鹵化物分為形成3價的MX_3和形成5價的MX_5。

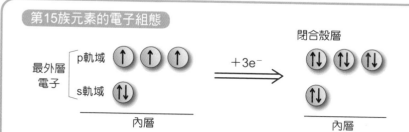

第15族元素的電子組態

第15族元素的反應例子

$$2M + 3H_2 \longrightarrow 2MH_3$$

$$4M + 3O_2 \longrightarrow 2M_2O_3$$

$$2M + 3X_2 \longrightarrow 2MX_3$$

$$2M + 5X_2 \longrightarrow 2MX_5$$

氮氧化物（NOx）與氮氫化物的物性

氧化狀態	+5	+4	+3	+2	+1	0	−1	−2	−3
化學式	N_2O_5	NO_2	N_2O_3	NO	N_2O	N_2	NH_2OH	N_2H_4	NH_3
性質	無色固體	紅褐色氣體	無色氣體	無色氣體	無色氣體	無色氣體	無色固體	無色液體	無色液體

鹵化物的分子式

元素	N	P	As	Sb	Bi
鹵化物	NX_3	PX_3、PX_5	AsX_3、AsX_5	SbX_3、SbX_5	BiX_3

7-8 氮與磷的性質

氮和磷皆是有機化合物的成分之一，也是構成生物體的重要元素。

❶氮 N

氮是約占空氣體積80％的無色氣體，由於反應性不大，經常代替空氣填充至包裝內增加保存性。

在1大氣壓下冷卻至－196℃（77K）時會變成液態氮，可當作簡便的冷媒來使用。相反地，加熱壓縮至110萬大氣壓、1700℃，多數氮原子會產生3條鍵結，形成網狀結合的聚合氮（polynitrogen）。聚合氮內含有極其龐大的能量，爆炸威力預期可達當前最強炸藥的5倍。

氮是植物的三大營養素之一，也是化學肥料不可欠缺的原料。工業上會利用哈柏－波希法（Haber-Bosch process）固定空氣中的氮，使氫和氮直接反應成氨NH_3。

燃燒含氮的化石燃料，會產生多種氮氧化物NOx，被認為是酸雨、光化學煙霧的成因。

❷磷 P

磷具有白磷、紫磷、黑磷等同素異形體。白磷（又稱黃磷）帶有劇烈的毒性，但其他同素異形體沒有毒性，紅磷可以製作成火柴。

磷是遺傳物質（DNA、RNA）、儲能物質ATP的構成元素，在生物體內扮演著重要的角色，同時也是植物的三大營養素之一。

然而，磷也可用於沙林（sarin）等化學兵器、各種殺蟲劑，是可以危害神經系統等劇毒的構成元素。

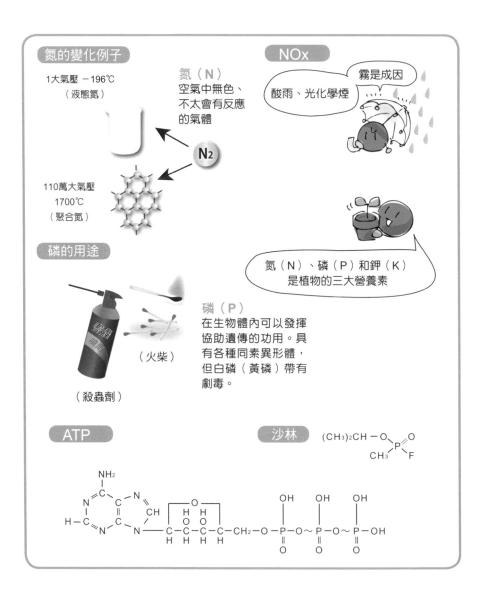

第15族元素集結了對生物體深具影響的元素，氮是胺基酸的構成要素；磷是DNA、ATP的構成要素，其他的第15族元素也對生物體具有影響力。

❶砷As

砷是比重5.78、熔點817℃的固體，存在灰色砷（金屬砷）、黃色砷、黑色砷等3種同素異形體。灰色砷散發蒜頭的臭味；黃色砷則呈現透明的蠟狀。

自古以來，砷的毒性就為人所知，且曾經用於多起知名的暗殺事件。雖然無法確定拿破崙是否被用砷毒殺，但據說文藝復興時期，教皇亞歷山大六世和其子嗣，就是使用砷等毒物不斷葬送政敵。

砷也有出現在日本江戶時代的內部鬥爭中，即便時間已經跳轉至現代，1998年加入砷的和歌山毒咖哩事件，仍舊讓人記憶猶新。

砷是化合物半導體的重要原料，而砷化鉀GaAs是發光二極體的重要原料。

❷銻Sb

銻是比重6.7、熔點630℃、質地堅硬卻脆弱的銀白色固體，且是帶有毒性的物質。

硫化銻Sb_2S_3在古代埃及可用作眼影，雖然也有美容的功用，但據說是為了除去聚集在眼睛周圍的蟲子，就這點來看，其主要用途可能當作毒物使用。在中世紀的歐洲及日本，銻也曾經用來製成吐瀉劑、腹瀉劑等藥物，看來的確是一種毒物。

　過去，銻曾經用作塑膠、纖維的阻燃劑，但現在已經不這麼使用了。

❸鉍**Bi**

　鉍是比重9.74、熔點271℃的固體，其表面因氧化薄膜的複雜結構，會產生美麗的干涉色彩。除了作為整腸劑的原料，也當作鉛的替代物，運用於焊料、散彈的子彈、釣魚的重錘、活版印刷等等。

第15族元素／砷、銻、鉍的性質

砷（As）
雖然是有名的毒物，但也當作化合物半導體，用於發光二極體中

銻（Sb）
古代的美妝、藥物，過去也曾用於阻燃劑。本身帶有毒性

鉍（Bi）
非常脆弱的金屬，可當作鉛的替代物用於各種場合。

※照片是人工晶體

第 16 ～ 18 族元素

	1	2	3	4	5	6	7	8	9
1	₁H 氫								
2	₃Li 鋰	₄Be 鈹							
3	₁₁Na 鈉	₁₂Mg 鎂							
4	₁₉K 鉀	₂₀Ca 鈣	₂₁Sc 鈧	₂₂Ti 鈦	₂₃V 釩	₂₄Cr 鉻	₂₅Mn 錳	₂₆Fe 鐵	₂₇Co 鈷
5	₃₇Rb 銣	₃₈Sr 鍶	₃₉Y 釔	₄₀Zr 鋯	₄₁Nb 鈮	₄₂Mo 鉬	₄₃Tc 鎝	₄₄Ru 釕	₄₅Rh 銠
6	₅₅Cs 銫	₅₆Ba 鋇	鑭系	₇₂Hf 鉿	₇₃Ta 鉭	₇₄W 鎢	₇₅Re 錸	₇₆Os 鋨	₇₇Ir 銥
7	₈₇Fr 鍅	₈₈Ra 鐳	錒系	₁₀₄Rf 鑪	₁₀₅Db 𨧀	₁₀₆Sg 𨭎	₁₀₇Bh 𨨏	₁₀₈Hs 𨭆	₁₀₉Mt 䥑

鑭系	₅₇La 鑭	₅₈Ce 鈰	₅₉Pr 鐠	₆₀Nd 釹	₆₁Pm 鉕	₆₂Sm 釤	₆₃Eu 銪
錒系	₈₉Ac 錒	₉₀Th 釷	₉₁Pa 鏷	₉₂U 鈾	₉₃Np 錼	₉₄Pu 鈽	₉₅Am 鋂

在第8章，我們來看第16族到第18族的元素群。這些元素群也是「典型元素」的同伴，第16族根據第一個元素又稱為氧族元素；第17族因具有形成鹽的性質，又稱為「鹵族元素」；第18族因是稀少的氣體元素，所以被稱作「稀有氣體元素」。

10	11	12	13	14	15	16	17	18
								$_2$He 氦
			$_5$B 硼	$_6$C 碳	$_7$N 氮	$_8$O 氧	$_9$F 氟	$_{10}$Ne 氖
			$_{13}$Al 鋁	$_{14}$Si 矽	$_{15}$P 磷	$_{16}$S 硫	$_{17}$Cl 氯	$_{18}$Ar 氬
$_{28}$Ni 鎳	$_{29}$Cu 銅	$_{30}$Zn 鋅	$_{31}$Ga 鎵	$_{32}$Ge 鍺	$_{33}$As 砷	$_{34}$Se 硒	$_{35}$Br 溴	$_{36}$Kr 氪
$_{46}$Pd 鈀	$_{47}$Ag 銀	$_{48}$Cd 鎘	$_{49}$In 銦	$_{50}$Sn 錫	$_{51}$Sb 銻	$_{52}$Te 碲	$_{53}$I 碘	$_{54}$Xe 氙
$_{78}$Pt 鉑	$_{79}$Au 金	$_{80}$Hg 汞	$_{81}$Tl 鉈	$_{82}$Pb 鉛	$_{83}$Bi 鉍	$_{84}$Po 釙	$_{85}$At 砈	$_{86}$Rn 氡
$_{110}$Ds 鐽	$_{111}$Rg 錀	$_{112}$Cn 鎶	$_{113}$Nh 鉨	$_{114}$Fl 鈇	$_{115}$Mc 鏌	$_{116}$Lv 鉝	$_{117}$Ts 硱	$_{118}$Og 鿫
$_{64}$Gd 釓	$_{65}$Tb 鋱	$_{66}$Dy 鏑	$_{67}$Ho 鈥	$_{68}$Er 鉺	$_{69}$Tm 銩	$_{70}$Yb 鐿	$_{71}$Lu 鎦	
$_{96}$Cm 鋦	$_{97}$Bk 鉳	$_{98}$Cf 鉲	$_{99}$Es 鎄	$_{100}$Fm 鐨	$_{101}$Md 鍆	$_{102}$No 鍩	$_{103}$Lr 鐒	

　　根據該族第一個元素氧，第16族元素又稱為氧族元素，但氧以外的元素也可稱硫族元素（chalcogen）。Chalcogen的希臘語意為「造石之物」，據說是因硫S、硒Se通常含於礦石中而得名。

❶電子組態

　　第16族元素的最外層具有6個價電子，只需要再獲得2個電子，就能夠填滿最外層的s軌域及p軌域，變成穩定的八隅體，所以容易形成2價的陰離子。其吸引電子的能力強大，相同週期的電負度是僅次於旁邊的第17族元素（鹵族元素）。

　　6個電子當中有4個會填進p軌域，所以會形成2個不成對電子，產生2條共價鍵的鍵結。

❷性質

　　第16族元素僅氧為氣體，其餘元素皆為固體。所有元素皆具有同素異形體，其中硫的同素異形體特別多。第16族元素的反應性大多劇烈，週期表上面的氧、硫、硒是共價鍵結；下面的碲Te、釙Po是金屬鍵結。

　　假設第16族元素為文字M，則與氫反應會形成一般式H_2M的氫化物，週期表愈上面的元素，氫化物的穩定性愈高：$H_2O > H_2S > H_2Se > H_2Te > H_2Po$。除了與1個氧結合的MO外，也會形成與2個、3個氧結合的MO_2、MO_3。

　　鹵化物通常是與2個鹵族原子X結合成MX_2，但有時也會與4個、6個結合成MX_4、MX_6等。然而，氧的情況是X_2On、X_4On等，鹵族原子則可與好幾個氧結合，產生以氧為架橋、結構複雜的氧化物。

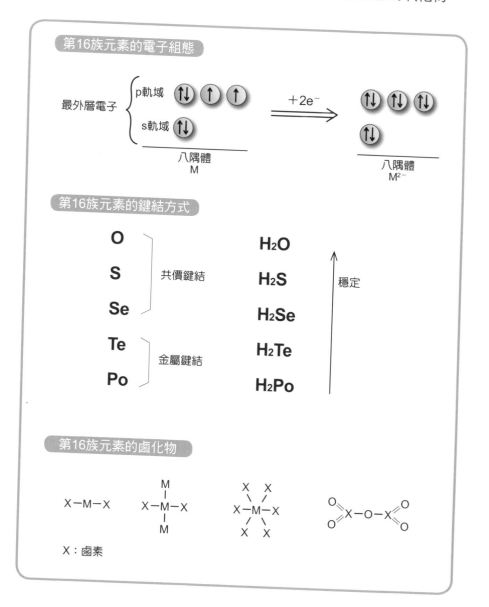

第16族元素的電子組態

最外層電子 ⎰ p軌域　⇈ ↑ ↑　　　+2e⁻　⟹　⇈ ⇈ ⇈
　　　　　　⎱ s軌域　⇈　　　　　　　　　　　　　⇈

八隅體　M　　　　　　　　八隅體　M^{2-}

第16族元素的鍵結方式

O		**H₂O**
S	共價鍵結	**H₂S**
Se		**H₂Se**
Te	金屬鍵結	**H₂Te**
Po		**H₂Po**

穩定 ↑

第16族元素的鹵化物

X—M—X　　X—M—X（上下M）　　X—M—X（X X上下）　　O=X—O—X=O

X：鹵素

氧與硫的性質

氧O和硫S是反應性非常劇烈的元素，會與多數金屬元素反應形成氧化物、硫化物的礦物。

❶氧O

氧具有2種同素異形體：2個原子鍵結的氧分子O_2，與3個原子鍵結的臭氧分子O_3。

氧分子是約占空氣體積20％的氣體，而臭氧是形成平流層中臭氧層的氣體。臭氧層能夠吸收有害的宇宙射線保護地球，但氟氯碳化物會分解臭氧，導致南極上空形成了臭氧破洞，演變成嚴重的問題。

氧分子本身帶有磁性，液態氧會被強力磁鐵吸引，但氣態空氣因動能龐大，無法被當前的強力磁鐵所吸引。

氧會與其他原子形成氧化物，光重量就約占地殼構成原子的50％。

❷硫S

硫具有30種以上的同素異形體，普通的硫是8個硫原子環狀鍵結的硫黃S_8，但根據晶體形狀的不同，又分為α硫、β硫、γ硫等3種。這些硫加熱超過250℃後，會變成複數原子鏈狀鍵結的膠狀硫（彈性硫）。

硫化氫H_2S比空氣重，會散發水煮蛋般的氣味，但當濃度提高後，人類會因嗅覺麻痺而漸漸失去感覺。硫化氫帶有劇毒，待在火山地帶等可能噴發硫化氫的地方，須要嚴加小心注意。

　　硫和氧的化合物通常稱為SOx，下面舉出眾多種類中的一部分。對應氧化物的多樣性，氧化物形成的酸（含氧酸）也有相當多的種類。

臭氧分子被分解而形成臭氧破洞

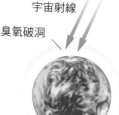

宇宙射線

臭氧破洞

臭氧層

氧（O）
約占空氣體積20%的氣體。臭氧分子是氧的同素異形體

液態氧帶有磁性

液態氧能夠被磁鐵吸引

硫的同素異形體

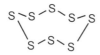

	熔點	顏色
α 硫	112.8℃	淡黃色
β 硫	117.6℃	淡黃色
γ 硫	106.8℃	淡黃色

SOx（硫氧化物）的種類

	SOx			
化學式	SO	SO_2	SO_3	SO_4
狀態	氣體	氣體	固體	固體

硫的含氧酸

次硫酸	H_2SO_2	形成鹽類
亞硫酸	H_2SO_3	形成鹽類或者溶液
硫酸	H_2SO_4	mp（熔點）：10.5℃
二硫酸	$H_2S_2O_7$	mp：35℃
硫代硫酸	$H_2S_2O_3$	形成鹽類

週期表上面的氧、硫,是具有共價鍵結性的非金屬元素,而下面的硒、碲是半金屬元素,最下面的釙是金屬元素。

❶硒Se

硒具有幾種同素異形體,比較常見的是灰色的金屬硒,這是比重4.82、熔點217℃的固體。

硒是人體的必需元素,缺乏時會引起心臟衰竭等症狀。然而,適量和過量的差距微小,過量會引起中毒症狀,有可能危及生命。

硒具有照射光線產生電流的光電導性(photoconductivity),可用於印表機的感光滾筒。

❷碲Te

碲是比重6.24、熔點450℃、帶有蒜頭氣味的銀白色半金屬,由於單體和碲化合物皆具有毒性,處理時需要小心注意。

碲加上鉍Bi或者硒Se的半導體,會展現貝爾蒂效應(Peltier effect),這是半導體組合通電後,其中一邊放熱、另一邊吸熱的現象。相反地,將其中一邊加熱或者冷卻而產生電流,這稱為賽貝克效應(Seebeck effect)。

利用貝爾蒂效應的冰箱運轉聲響較小,可放置於飯店等地方的寢室中。

❸釙Po

釙是比重9.2、熔點254℃的金屬,由居里夫婦於1898年所發現,並以祖國波蘭(Poland)命名為Polonium。本身具有輻射性,會發生原子核衰變(參見1-7)。

　　進入體內後的毒性強度堪稱所有元素中數一數二，但 α 射線無法穿透皮膚，所以只要不進入體內，毒性就沒有那麼強烈。不過，釙仍是需要審慎注意的元素。

　　釙可用於醫療上的 α 射線源、利用核衰變的核電池。

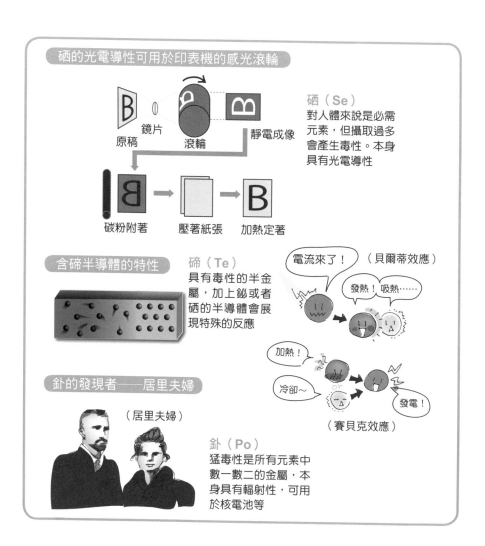

硒的光電導性可用於印表機的感光滾輪

原稿　鏡片　滾輪　靜電成像

碳粉附著　壓著紙張　加熱定著

硒（Se）
對人體來說是必需元素，但攝取過多會產生毒性。本身具有光電導性

含碲半導體的特性

碲（Te）
具有毒性的半金屬，加上鉍或者硒的半導體會展現特殊的反應

電流來了！　（貝爾蒂效應）

發熱！吸熱……

加熱！

冷卻～

發電！

（賽貝克效應）

釙的發現者——居里夫婦

（居里夫婦）

釙（Po）
猛毒性是所有元素中數一數二的金屬，本身具有輻射性，可用於核電池等

第17族元素又稱為鹵族元素，意指酸和鹽基中和反應所產生的鹽，符號一般記為X。

❶電子結構

第17族元素的最外層具有7個價電子，只要再獲得1個電子就會是八隅體，所以非常容易形成1價的陰離子。鹵素的電負度是同週期元素中最大的，其中又以氟F奪取電子形成氟化物陰離子F^-的傾向最為強烈，堪稱最強的氧化劑。

7個價電子中有5個會填進p軌域，僅有1個不成對電子產生1條共價鍵。

❷性質

週期表的上面是氣體，而下面是液體及固體。氟F是淡黃色氣體、氯Cl是淡黃綠色氣體、溴Br是紅褐色液體、碘I是帶金屬光澤且具昇華性的黑紫色固體，砈At則是帶金屬光澤的固體。

鹵素的地殼蘊藏量多寡是氟＞氯＞溴＞碘，愈往週期表的上面愈多，但海水中含有大量的氯。另一方面，具有輻射性的砈，即便是半衰期最長的^{210}At也只有8.1小時，所以幾乎不存在於自然界中，僅以極低的濃度存在於鈾^{238}U核衰變的生成物當中。

鹵素會形成多種多樣的氧化物。此時，氟的原子鍵結通常為1條，而氯的鍵結會有1到7條。

　　鹵素加上有機物可形成各種不同的有機鹵化物。其中，甲狀腺荷爾蒙等會在生物體內發揮重要的功能，而PCB、戴奧辛等則對生物體有害。

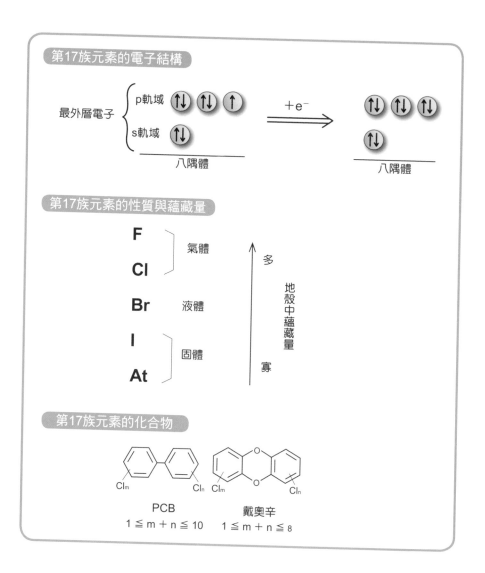

第17族元素的電子結構

最外層電子 {
p軌域
s軌域
} 八隅體

$+e^-$

八隅體

第17族元素的性質與蘊藏量

F
Cl } 氣體

Br　液體

I
At } 固體

多　→　地殼中蘊藏量　→　寡

第17族元素的化合物

PCB
$1 \leqq m + n \leqq 10$

戴奧辛
$1 \leqq m + n \leqq 8$

氟和氯是與我們日常生活密切相關的元素。

❶ 氟 F

氟在自然界中含於螢石（主要成分：氟化鈣 CaF_2）等物質中，雖然具有猛毒性，但卻是人體中含量甚微的微量元素。然而，其必要量和過量的差距微小，主動攝取時需要審慎注意。攝取過多會引起骨硬化症，阻礙脂質、醣類的代謝。氟具有強化牙齒的作用，曾經也有人提議添加在自來水中。

氟具有非常強的氧化力，會跟大部分元素產生反應。氟也會與水反應，生成氟化氫 HF 和氧氣 O_2。氟化氫是一種強酸，能夠侵蝕玻璃，可用於玻璃的蝕刻等方面。

氟是高分子氟樹脂（商標名：Teflon）的原料。氟樹脂的摩擦係數小，可用於平底鍋等的塗層，防止燒焦黏鍋。

❷ 氯 Cl

氯以食鹽（氯化鈉 NaCl）的形式大量存在於海水中，可經由電解食鹽來獲得。

氯具有強烈毒性，在第一次世界大戰中曾經當作毒氣投入戰場。由於具有強勁漂白、殺菌的作用，氯化合物也用於漂白劑、自來水殺菌等方面。

氯是各種工業製品不可欠缺的元素，大量作成塑膠的聚氯乙烯（PVC）是聚合氯乙烯的產物。氟氯碳化物是碳、氟和氯的化合物，因沸點低可用於各種噴霧、冷媒、發泡劑等，也曾大量生產用於精密電子設備的洗淨劑，但因會破壞臭氧層形成臭氧破洞，已經

停止生產了。另外，過去曾經大量生產DDT等含氯殺蟲劑，但由於會汙染環境，現在也已經不再使用了。

第17族元素／氟的性質

（不沾層加工）
$(CF_2)_n$

氟能夠強化牙齒

氟（F）
雖然是人體的必需元素，但本身具有毒性。氟可用於平底鍋等的塗層劑

第17族元素／氯的性質

（自來水的消毒）

氯是用於消毒的常見元素，但本身具有強烈的毒性

氯（Cl）
可經由電解食鹽來獲得，但本身具有強烈毒性。氯是各種工業製品不可欠缺的原料

氟氯碳化物的性質

物質	化學式	沸點（℃）	用途
CFC-11	CCl_3F	23.8	發泡劑、噴霧劑、冷媒
CFC-12	CCl_2F_2	−30.0	冷媒、發泡劑、噴霧劑
CFC-113	$CClF_2CCl_2F$	47.6	洗淨劑、溶劑
CFC-114	$CClF_2CClF_2$	3.8	冷媒
CFC-115	$CClF_2CF_3$	−39.1	冷媒

　　鹵族元素具有特別的性質與反應性。

❶溴Br

　　溴是比重3.12的紅黑色沉重液體，熔點－7.3℃、沸點58.8℃，低溫時會形成固體，而溫度只要稍微提高就會變成氣體。溴具有刺激性臭味和強烈的毒性，處理時需要小心注意。

　　溴在自然界含於高級天然染料的骨螺紫中，在產業上可當作相機底片的感光材料溴化銀AgBr的原料。如同氟氯碳化物一般，溴化物也會破壞臭氧層，所以逐漸不再使用了。

❷碘I

　　碘是比重4.93、熔點185℃、帶金屬光澤的紅黑色固體，具有不經由液體直接從固體轉成氣體的昇華性。碘在自然界存在於海水中，但透過生物濃縮後大量蘊含於海藻當中。在日本，碘富含於千葉縣的水溶性天然氣中，就資源小國的日本而言，是相當罕見的出口資源。另外，碘也是人體甲狀腺荷爾蒙甲狀腺素的構成要素，屬於人體的必需元素。

　　核分裂會產生碘的同位素^{131}I，若不小心攝取具有輻射性的^{131}I，會累積在甲狀腺引起癌症等問題。因此，發生核電廠事故時，必須服用普通的^{127}I，使甲狀腺內的碘飽和，防止^{131}I進入體內。

　　碘具有消毒作用，溶於酒精形成碘酒後，可當作消毒劑來使用。

❸砈**At**

砈是輻射性元素，即便是最長半衰期的^{210}At，半衰期也僅有8小時左右，所以幾乎不存於自然界中，大多都是經由原子爐人工製造。砈過去因沒有明顯的用途而未大量製造，使得人們不太清楚其物性，被視為充滿謎團的元素。然而，現在發現砈可當作 α 射線源頭治療癌症，今後或許會被大量合成也說不定。

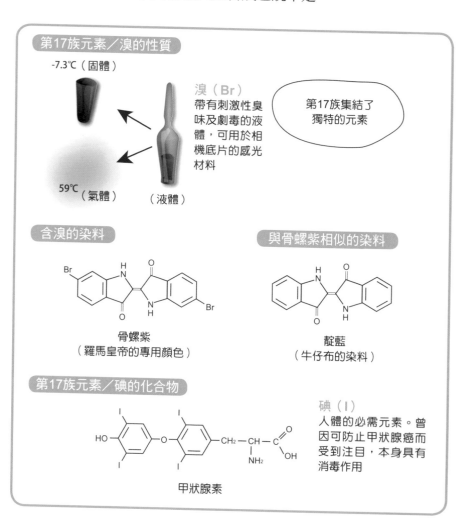

第17族元素／溴的性質

-7.3℃（固體）

溴（Br）
帶有刺激性臭味及劇毒的液體，可用於相機底片的感光材料

第17族集結了獨特的元素

59℃（氣體）　（液體）

含溴的染料

骨螺紫
（羅馬皇帝的專用顏色）

與骨螺紫相似的染料

靛藍
（牛仔布的染料）

第17族元素／碘的化合物

碘（I）
人體的必需元素。曾因可防止甲狀腺癌而受到注目，本身具有消毒作用

甲狀腺素

第18族元素的性質

第18族元素又稱為稀有氣體元素或者貴氣體元素，是自然界含量極為稀少、不太會起反應的氣體元素，名稱帶有維持孤高的意味。

❶電子結構

第18族元素的最外層合計有8個電子，填滿了s軌域及p軌域，形成八隅體。

不僅如此，緊接內側的內層d軌域、更內側的內層f軌域，最外層往內的內層全都會填滿電子，形成幾乎完全封閉的閉合殼層。因此，完全不需要釋放或者獲得電子轉為穩定狀態。

基於這樣的理由，第18族元素不會形成離子，也不會產生共價鍵，原子狀態能夠完全自給自足。當然，相同原子間不會鍵結，也就是不會形成分子。第18族原子本身會以單體的形式存在於自然界，所以又可特別稱為「單原子分子」這個違背分子定義的名稱。

❷性質

然而，上述內容僅是理論上的情況，詳細調查稀有氣體元素就會發現，它們的交際範圍比想像中還要廣泛。

首先，就含量而言，氬Ar約占空氣體積的0.9％，這是二氧化碳CO_2的30倍，絕對不能算是少數。另外，它們也具有反應性，尤其週期表下方的元素，已知可形成多種多樣的分子。

　　以最先合成的$XePtF_6$為首，後形成了XeF_6、XeO_3等氟化物、KrF_2等氪化物，接著2000年成功以氬合成$HArF$。除了氧外，合成對象大多是氟，這也再次證明了氟的反應性極高。

第18族元素的電子組態

能階	K	L		M			N				O					P	
元素	1s	2s	2p	3s	3p	3d	4s	4p	4d	4f	5s	5p	5d	5f	5g	6s	6p
2 He	2																
10 Ne	2	2	6														
18 Ar	2	2	6	2	6												
36 Kr	2	2	6	2	6	10	2	6									
54 Xe	2	2	6	2	6	10	2	6	10		2	6					
86 Rn	2	2	6	2	6	10	2	6	10	14	2	6	10			2	6

氟化物的例子

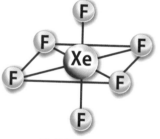

XeF_4 平面四邊形

XeF_6正八面體形

第18族元素的空氣內含量

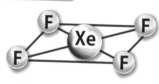

空氣

1	N_2	78.8%
2	O_2	20.95%
3	Ar	0.93%
4	CO_2	0.032% *
5	Ne	18.18ppm
6	He	5.2oppm
7	CH_4	1.60ppm
8	Kr	1.14ppm
9	H_2	0.50ppm
10	N_2O*	0.3ppm

*因人類的活動而變動

雖然稀有氣體元素不會形成分子，但並非跟我們的生活毫無關聯。

❶氦He

氦是氣體中重量僅次於氫的元素，就充填熱氣球產生浮力而言，氫氣是比較優異的氣體，但由於氫氣具有爆炸的危險性，至少目前人類搭乘的熱氣球主要是使用氦氣。

氦的沸點低至 −269℃（4K），可當作強力冷媒來使用，目前在超導體實用化得冷卻至液態氦的溫度才行，幾乎就是超導體＝液態氦的狀態。換言之，像是腦部斷層掃描的MRI（核磁共振造影）、JR的中央新幹線（超導磁鐵懸浮列車），只要少了液態氦就沒有辦法驅動。

對日本來說，如此重要的氦，目前仍得仰賴美國提供足夠的用量，雖然也有研議在卡達（Qatar）、阿爾及利亞（Algeria）等地開採，但皆尚未正式動工。氦是地殼中原子核衰變（參見1-7）的產物（α射線），所以存在於地殼當中，可像採集天然氣一樣，開鑿類似油田的井口。

氦的需求逐年升高，造成價格也跟著高漲，在不久的將來，恐怕也會變成如同稀有金屬、稀土金屬這般各國互相搶奪的資源。

❷氖Ne

眾所皆知，氖是霓虹燈的光源，將氖氣充填至玻璃管中，通電後會發出紅光。這是氖因電能躍升高能階狀態（激發態，參見

2-7），返回原本的基態時，放出的能量呈現紅光。焰色反應是以熱能代替電能轉為激發態，顏色變化的原理跟電力發光相同。

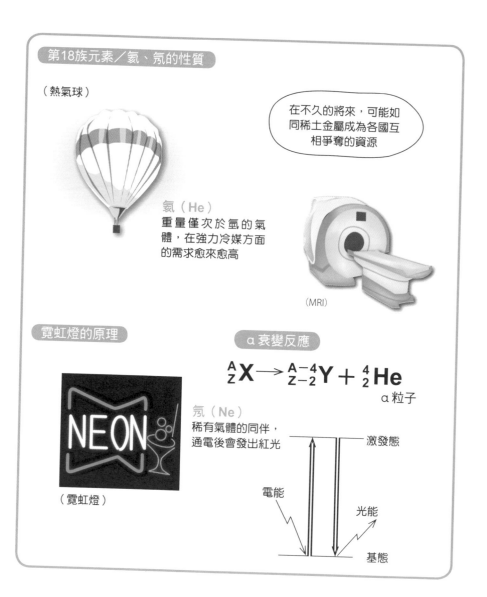

第18族元素／氦、氖的性質

（熱氣球）

在不久的將來，可能如同稀土金屬成為各國互相爭奪的資源

氦（He）
重量僅次於氫的氣體，在強力冷媒方面的需求愈來愈高

（MRI）

霓虹燈的原理

α衰變反應

$$^A_Z X \longrightarrow ^{A-4}_{Z-2} Y + ^4_2 He$$

α粒子

氖（Ne）
稀有氣體的同伴，通電後會發出紅光

（霓虹燈）

激發態

電能

光能

基態

8-9 其他第18族元素的性質

氦、氖以外的第18族元素，多是我們不熟悉的元素，但也並非與我們的生活完全毫無關聯。

❶氬Ar

氬是空氣成分中第3多的元素（參見8-7）。一般認為，氬是由鉀同位素^{40}K的原子核捕捉電子而產生，已知地球、金星、火星等類地行星含有較多的^{40}Ar，而太陽因超新星爆炸則含有較多的^{36}Ar。

氬會充填至白熾燈中，用以防止燈絲成分中的鎢昇華。

眾所皆知，吸進氬氣後說話，聲音會跟吸進氦氣相反，變得較為低沉。

❷氪Kr

實際用途跟氬氣一樣，會充填至白熾燈中以防止鎢昇華。

❸氙Xe

與霓虹燈的原理相同，氙氣通電後會發出強光，可用來製作氙燈。然後因氙具有高絕熱性，也可用於雙層玻璃間的充填氣體；氙具有麻醉作用，所以據說也嘗試用於手術方面。

❹氡Rn

氡因多數同位素具有輻射性，所以被認為對健康有害，但毒物興奮效應（參見6-6）認為，少量的輻射性物質反而有益身體健康，最終都取決於個人的價值判斷。氡是由鈾核衰變成鐳，再由鐳核衰

變而產生。因此，有人認為地下室及石造房屋的氡含量較多。相對於其他稀有氣體元素，氡對水的溶解度大，所以鐳溫泉中會溶進氡。

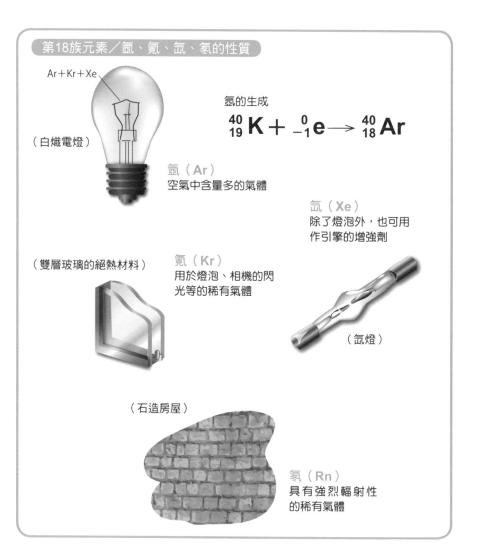

第18族元素／氬、氪、氙、氡的性質

Ar+Kr+Xe

（白熾電燈）

氬的生成

$$^{40}_{19}K + ^{0}_{-1}e \longrightarrow ^{40}_{18}Ar$$

氬（Ar）
空氣中含量多的氣體

氙（Xe）
除了燈泡外，也可用作引擎的增強劑

（雙層玻璃的絕熱材料）

氪（Kr）
用於燈泡、相機的閃光等的稀有氣體

（氙燈）

（石造房屋）

氡（Rn）
具有強烈輻射性的稀有氣體

過渡元素各論

	1	2	3	4	5	6	7	8	9
1	₁H 氫								
2	₃Li 鋰	₄Be 鈹							
3	₁₁Na 鈉	₁₂Mg 鎂							
4	₁₉K 鉀	₂₀Ca 鈣	₂₁Sc 鈧	₂₂Ti 鈦	₂₃V 釩	₂₄Cr 鉻	₂₅Mn 錳	₂₆Fe 鐵	₂₇Co 鈷
5	₃₇Rb 銣	₃₈Sr 鍶	₃₉Y 釔	₄₀Zr 鋯	₄₁Nb 鈮	₄₂Mo 鉬	₄₃Tc 鎝	₄₄Ru 釕	₄₅Rh 銠
6	₅₅Cs 銫	₅₆Ba 鋇	鑭系	₇₂Hf 鉿	₇₃Ta 鉭	₇₄W 鎢	₇₅Re 錸	₇₆Os 鋨	₇₇Ir 銥
7	₈₇Fr 鍅	₈₈Ra 鐳	錒系	₁₀₄Rf 鑪	₁₀₅Db 𨧀	₁₀₆Sg 𨭎	₁₀₇Bh 𨨏	₁₀₈Hs 𨭆	₁₀₉Mt 䥑

鑭系	₅₇La 鑭	₅₈Ce 鈰	₅₉Pr 鐠	₆₀Nd 釹	₆₁Pm 鉕	₆₂Sm 釤	₆₃Eu 銪
錒系	₈₉Ac 錒	₉₀Th 釷	₉₁Pa 鏷	₉₂U 鈾	₉₃Np 錼	₉₄Pu 鈽	₉₅Am 鋂

在第9章，我們要來看「過渡元素」。「過渡元素」包含第4～11族的元素群，全部皆為金屬，各族之間沒有明顯的性質差異。之後會詳細討論各個元素的特徵。

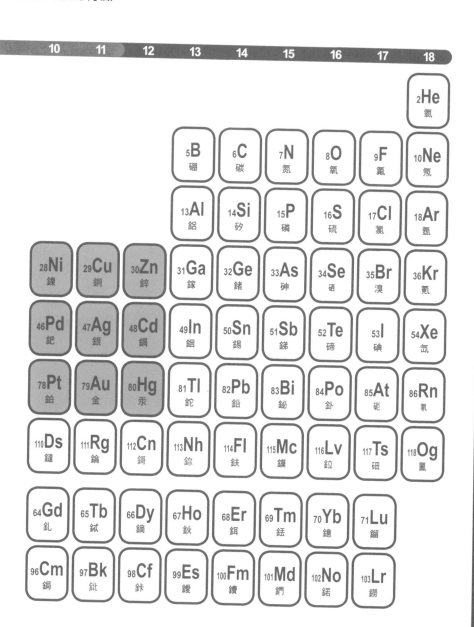

過渡元素全部都是金屬元素，各族之間沒有明顯的性質差異。

❶過渡元素的電子結構

如3-6所述，過度元素與典型元素的差別在於電子組態。典型元素隨著原子序的增加，新加入的電子會填進最外層。因此，由電子個數的不同，觀察者能夠較容易察覺元素間的差異，就好比商業人士穿著不一樣的西裝外套。

與此相對，在大部分的過渡元素中，新加入的電子會馬上填進內層的d軌域，看不太出來彼此的差異，就好比商業人士在西裝內穿著不一樣的襯衫，這種元素稱為d區過渡元素。然後，在第3族的鑭系元素、錒系元素中，電子會填進更為內層的 f 軌域，就好比襯衫裡面穿著不一樣的內衣，這種元素稱為f區過渡元素。

另外，第3族中的鈧、釔、鑭系元素，統稱為稀土金屬或者稀土元素，細節留到第10章再介紹。

❷過渡元素的種類

在過渡元素中，會將幾個橫跨群族的元素統稱為某某族元素。

Ⓐ鐵族元素

第8族的鐵Fe、第9族的鈷Co、第10族的鎳Ni因性質相近，又可統稱為鐵族元素。

Ⓑ鉑族元素

第8、9、10族的第5、6週期元素：釕Ru、銠Rh、鈀Pd、鋨Os、銥Ir、鉑Pt，又可統稱為鉑族元素。

C 貴金屬

就首飾方面而言，貴金屬是指金、銀、鉑；就化學方面而言，貴金屬是指鉑族的6個元素加上金Au、銀Ag，這8個元素都是稀少且抗腐蝕的金屬。

D 超鈾元素

原子序93以後的元素不存在於自然界，而是經由原子爐人工製造，所以另以超鈾元素的名稱來區別。

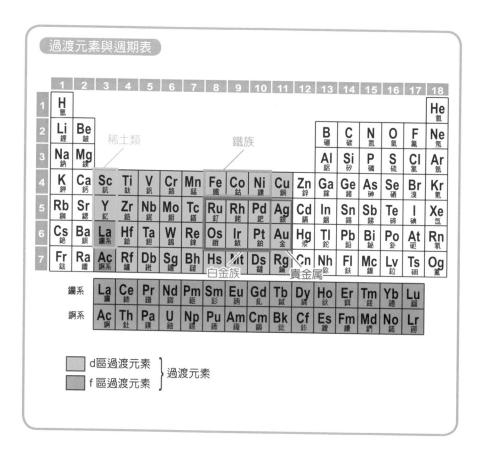

過渡元素與週期表

第3族元素留到後面講解，這邊就先討論第4族元素。第4族元素皆是在最外層的s軌域具有2個電子，然後緊接內層的d軌域具有2個電子。鈦、鋯、鉿被歸類為稀有金屬。

❶鈦Ti

鈦是稀有金屬的一種，但地殼蘊藏量卻相當豐富，排名全元素的第9名。不過，想要精煉純鈦卻不是那麼簡單。

雖然是比重5以下的輕金屬，但其強度卻約為鋁的6倍，除了可用於飛機機身，也可當作眼鏡框、手錶等的材料。另外，鈦鎳合金是常見的形狀記憶合金，這是一種即便扭曲變形，加熱到一定溫度後就會變回原本形狀的金屬。

氧化鈦TiO_2是常見的光催化劑，吸收紫外線後會釋放具強氧化力的羥基$OH\cdot$等。

❷鋯Zr

鋯因不容易吸收中子，可用於原子爐的結構材料，尤其是燃料棒的護套材料。據說90％的金屬鋯皆用於建造原子爐。

氧化鋯ZrO_2俗稱為鋯土（zirconia），由於熔點高達2700℃，可當作耐熱陶瓷的原料。然後因為折射率高達2.18，也用來製作鑽石（折射率2.42）的仿造品。

另外，寶石中的鋯石〔風信子（hyacinth）石〕是鋯的矽酸鹽$ZrSiO_4$，與鋯土是不一樣的物質。

③鉿Hf

鉿跟鋯土相反，具有強大的吸收中子能力，可用於原子爐的中子控制棒（參見11-4）。然而，鉿與鋯因化學性質相似，同時也產自相同的礦石，但要如何完全分離兩者便是問題所在。

第4族元素的電子組態

軌域 元素	K	L	M			N				O				P			
			3s	3p	3d	4s	4p	4d	4f	5s	5p	5d	5f	6s	6p	6d	6f
22　Ti	2	8	2	6	2	②											
40　Zr	2	8	2	6	10	2	6	2		②							
72　Hf	2	8	2	6	10	2	6	10	14	2	6	2		②			

○最外層電子

第4族元素的物性

元素	比重	熔點〔℃〕	顏色
Ti	4.54	1,660	銀色
Zr	6.51	1,852	銀色
Hf	13.30	2,230	灰色

第4族元素的性質

鈦（Ti）
可當作光催化劑的輕金屬，從飛機、時鐘到形狀記憶合金，用途相當廣泛

（鈦合金杯）

Ti

鋯、鉿可分別用於原子爐的結構材料和控制棒

鋯（Zr）
具不易吸收中子的特性，可用於原子爐結構材料的金屬。鋯也可作成仿真鑽石

（原子爐）

Zr

鉿（Hf）
跟鋯一樣可用於原子爐的金屬，具高中子吸收率的特性，也可用作控制棒

第5族元素雖然屬於同族，但各元素的最外層電子數不太一樣，釩、鉭的最外層電子有2個，緊接內層的d軌域有3個電子，而鈮的最外層電子僅有1個電子，內層的d軌域則增加為4個電子。

第5族元素皆被歸類為稀有金屬。

❶釩V

釩並非人體的必需元素，但因有治療糖尿病的可能，而被添加至健康食品當中。釩的地殼蘊藏量排名第23名，雖然蘊藏量豐富，卻因不會形成礦床而開採困難。

釩大量存在於海水中，經由生物濃縮大量累積在脊索動物的海鞘體內。釩也含於石油當中，成為石油生物起源說的論據之一。

金屬釩質地柔軟、富有延展性，本身也容易加工，其合金具有優異的機械性強度、耐熱性。釩鐵合金可作成高硬度鋼，釩鈦合金可用於飛機的機身，據說日本有一半的生產量都用於製成高爾夫球竿的頭部。

❷鈮Nb

鈮是合金的材料，鈮鐵合金可作成高硬度鋼、耐熱超合金，用於飛機的引擎等。鈮也是重要的超導體素材。另外，玻璃摻雜五氧化鈮Nb_2O_5可提高折射率，用來代替氧化鉛PbO_2。

❸鉭Ta

　　以鉭製成的電容器具有體積小、漏電少、穩定等優勢，是手機、小型電腦不可欠缺的零件。另外，鉭也用於人工骨頭、牙齒的人工植牙等方面。

第5族元素的電子組態

軌域 元素	K	L	M			N				O				P			
			3s	3p	3d	4s	4p	4d	4f	5s	5p	5d	5f	6s	6p	6d	6f
23　V	2	8	2	6	3	②											
41　Nb	2	8	2	6	10	2	6	4		①							
73　Ta	2	8	2	6	10	2	6	10	14	2	6	3		②			

○最外層電子

第5族元素的物性

元素	比重	熔點〔℃〕	顏色
V	6.11	1,887	銀白色
Nb	8.57	2,468	灰色
Ta	16.65	2,996	藍灰色

第5族元素／釩、鈮、鉭的性質

（海鞘）

釩（V）
廣泛用於合金的金屬，經由生物濃縮大量累積在海鞘等生物中

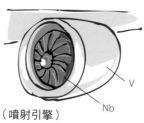

（噴射引擎）

鈮（Nb）
可與鐵、鈦作成合金，也可當作超導體的素材

（人工植牙）

鉭（Ta）
無害的金屬，可用作人工骨頭、牙齒治療

Ta

第6族元素意外集結了我們熟悉的元素，但就像第5族元素，最外層電子的個數不太一樣，鉻、鉬各有1個電子，而鎢有2個電子。它們皆被歸類為稀有金屬。

❶鉻Cr

鉻是可當毒物也可作成藥物的元素，離子化後形成3價Cr^{3+}、4價Cr^{4+}、6價Cr^{6+}，3價的鉻是人體的必需元素，但6價的鉻帶有劇毒，4價的鉻疑似具有致癌性。

鉻是有用的金屬，氧化後會為了不再進一步氧化形成一層鈍化膜，可用於鍍鉻來增加硬度與美觀度。另外，鉻與鎳Ni同樣是不鏽鋼不可欠缺的材料。

鉻大多與顯色有關聯，例如：紅寶石的紅色、祖母綠的綠色，也用於顏料的鉻黃色。

❷鉬Mo

鉬是人體的必需元素，與尿酸的生成有關。活躍於豆科植物固氮作用的酵素，也已知確定含有鉬。鉬鐵合金具優異的機械性強度，而鉬銅合金具有優異的導電性及溫度特性。

❸鎢W

鎢是熔點最高的金屬，再加上具有較高的電阻，常用於白熾燈泡的鎢絲。另外，鎢的比重媲美金，可用於強貫穿力的穿甲彈。

鎢鐵合金具有強大的機械性強度，可作成高硬度鋼來切割機械工具。鎢的世界生產量，光中國一個國家就囊括近84％。

第6族元素的電子組態

軌域 元素	K	L	M			N				O				P			
			3s	3p	3d	4s	4p	4d	4f	5s	5p	5d	5f	6s	6p	6d	6f
24 Cr	2	8	2	6	5	①											
42 Mo	2	8	2	6	10	2	6	5		①							
74 W	2	8	2	6	10	2	6	10	14	2	6	4		②			

○最外層電子

第6族元素的物性

元素	比重	熔點〔℃〕	顏色
Cr	7.19	1,860	銀白色
Mo	10.22	2,617	灰色
W	19.30	3,422	銀白色

第6族元素的性質

Cr

（祖母綠與紅寶石）

Mo

（燈絲）

W

（菜刀）

鉻（Cr）
3價鉻是人體必需元素，6價鉻帶有毒性，可用於鍍鉻、不鏽鋼的金屬

鉬（Mo）
生物的必需元素，其合金具有優異特性的金屬

鎢（W）
熔點最高的金屬，其合金可用於機械工具的切割

第7族元素的鎝不存在於自然界，自然界當中僅有錳和錸存在，兩者皆是最外層具有2個電子的稀有金屬。

❶錳Mn

錳是人體的必需元素，與骨頭的成長和代謝有關，但過度攝取會引發中毒，甚至會出現平衡感異常、生殖能力下降等症狀。

錳是（錳）乾電池、鹼性乾電池的重要原料。

錳容易被氧化，可作為強力的還原劑。另外，在土壤含有錳的洞穴（井底等）中，可能會有缺乏氧氣的情況，誤入其中就有可能造成窒息身亡的意外。過氧化錳同時也是不可或缺的強力氧化劑。

在深海4000～6000公尺的海底，已知錳會形成從馬鈴薯到足球大小的團塊。錳團塊的主要成分為錳、銅Cu等的氫氧化物，據說錳的海洋總量凌駕陸上的蘊藏量，但目前採集的量尚未達到核算基準。

❷鎝Tc

鎝的所有同位素皆不穩定且具輻射性，即便是半衰期最長的同位素，也僅有420萬年左右，遠低於地球的壽命，所以幾乎不存在於自然界中。在研究方面，是使用質子照射鉬的合成原子核。

❸錸Re

錸是熔點在全元素中僅次於鎢W排名第2，而比重排名第4的元

素，可用於火箭的噴嘴、量測高溫的熱電偶（thermocouple）。過去被認為是不形成礦床的金屬，但1990年代在日本擇捉島的火山，發現了純度極高的二硫化錸ReS_2。這是日本為數不多的貴重資源。

第7族元素的電子組態

軌或 元素	K	L	M			N				O				P			
			3s	3p	3d	4s	4p	4d	4f	5s	5p	5d	5f	6s	6p	6d	6f
25　Mn	2	8	2	6	5	②											
43　Tc	2	8	2	6	10	2	6	5		②							
75　Re	2	8	2	6	10	2	6	10	14	2	6	5		②			

○最外層電子

第7族元素的物性

元素	比重	熔點〔℃〕	顏色
Mn	7.44	1,244	銀白色
Tc	11.50	2,172	銀白色
Re	21.02	3,180	灰色

第7族元素／錳、鎝、錸的性質

（錳電池）

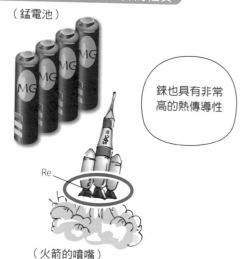

錸也具有非常高的熱傳導性

Re

（火箭的噴嘴）

錳（Mn）
有助於骨頭成長、代謝的人體必需元素，本身容易氧化

鎝（Te）
不存在於自然界，是人工的輻射性元素

錸（Re）
熔點僅次於鎢的金屬

在第8族元素中，鐵是鐵族元素，釕、鋨是鉑族元素的貴金屬。就電子組態而言，鐵、鋨的最外層具有2個電子，而釕的最外層僅具有1個電子。三者皆不是稀有金屬。

❶鐵Fe

鐵是人體必需元素之一，在紅血球血紅素中的血基質作為中心原子，發揮搬運氧氣的重要功能。

鐵是與人類息息相關的金屬，重要到甚至劃分出了鐵器時代。據說最早使用鐵的民族是西臺人（Hittite），時間約為西元前1500年。由於鐵通常產自氧化物，必須除去氧才能夠獲得金屬鐵，這個過程稱為還原反應。

大多數的情況下，會使用碳對礦物進行還原。同時加熱鐵礦石、煤、木炭，以鐵礦石的氧來燃燒碳形成二氧化碳，產生混雜約2～4％碳的鐵。這種鐵稱為鑄鐵，質地堅硬但脆弱。碳含量在2％以下的鐵稱為鋼，質地堅硬且具有韌性，可用於各種鐵製品。

鐵可當最前端科學的重要磁性材料，也可作為建築物的鋼筋混凝土，是在各方面支撐現代社會的金屬。

❷釕Ru

釕幾乎未用於一般人常見的地方，但卻是硬體記憶元件的重要素材，作為有機化學反應的催化劑，也讓野依良治博士獲得2001年的諾貝爾化學獎。

❸ 鋨 **Os**

鋨是比重最大的元素。在氧化劑方面，四氧化鋨OsO_4是有機化學反應的重要試劑，但具有強烈的氣味，因而命名為osmium（希臘語意為「氣味」）。

第8族元素的電子組態

軌域\元素	K	L	M			N				O				P			
			3s	3p	3d	4s	4p	4d	4f	5s	5p	5d	5f	6s	6p	6d	6f
26 Fe	2	8	2	6	6	②											
44 Ru	2	8	2	6	10	2	6	7		①							
76 Os	2	8	2	6	10	2	6	10	14	2	6	6		②			

○最外層電子

第8族元素的物性

元素	比重	熔點〔℃〕	顏色
Fe	7.87	1,535	銀白色
Ru	12.37	2,310	銀白色
Os	22.57	3,045	藍灰色

鐵的碳含量分類

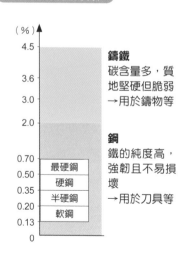

鑄鐵
碳含量多，質地堅硬但脆弱
→用於鑄物等

鋼
鐵的純度高，強韌且不易損壞
→用於刀具等

四氧化鋨的氧化反應

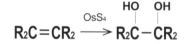

血基質的分子結構

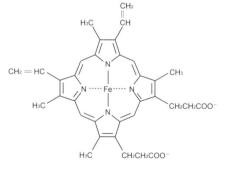

在第9族元素中，銠、銥是鉑族元素的貴金屬。鈷、銥的最外層具有2個電子，銠的最外層則只有1個電子，其中僅有鈷被歸類為稀有金屬，雖然名字不常見，但三者意外地皆是身邊常見的金屬。

❶鈷Co

鈷通常與色彩有關，有些白色的瓷器表面會上釉藍色的花紋，這個藍色就是鈷的顏色。另外，鈷與有機物結合的某些聚合物會隨濕度而改變顏色，氯化鈷$CoCl_2$在濕度低時呈現藍色、濕度高時呈現紅色。利用這項性質，就可以判斷矽膠等乾燥劑還有沒有效果。

混合鈷的合金除了增加機械性強度外，還能提高耐熱性，是挖掘工具、燃氣渦輪機噴射口等不可欠缺的金屬材料。鈷是鋁Al、鎳Ni、鈷Co合金所必需的磁性材料，過去廣泛用於永久磁鐵的鋁鎳鈷磁鐵中。但現在公認最強的磁性材料是與釤Sm的合金——釤鈷磁鐵。

❷銠Rh

銠是白色的堅硬金屬，常用於金屬鍍膜。例如鉑（Pt）、銀（Ag）、白金等白色貴金屬表面，就會進行鍍銠處理，以防止表面刮傷與增加美觀。

由銠、鈀Pd、鉑製成的三效催化劑（three-way catalyst），是淨化柴油引擎不可欠缺的要素。

❸銥Ir

銥具有優異的耐熱性、耐磨性，可用於汽車的火星塞、鋼筆的筆尖等。銥鉑合金同時也可當作國際公尺原器、國際公斤原器。

第9元素的電子組態

軌域 元素	K	L	M			N				O				P			
			3s	3p	3d	4s	4p	4d	4f	5s	5p	5d	5f	6s	6p	6d	6f
27 Co	2	8	2	6	7	②											
45 Rh	2	8	2	6	10	2	6	8		①							
77 Ir	2	8	2	6	10	2	6	10	14	2	6	7		②			

○最外層電子

第9族元素的物性

元素	比重	熔點〔℃〕	顏色
Co	8.90	1,495	灰色
Rh	12.41	1,966	銀白色
Ir	22.42	2,410	灰色

第9族元素的性質

（上釉的瓷器）

Co

（銠）

鈷（Co）
除了瓷器的染料外，鈷也可製成合金，且是人體的必需金屬

銠（Rh）
常用於金屬鍍膜，也可當引擎催化劑的金屬

銥（Ir）
具優異耐熱性、耐磨性的金屬，主要用來製作合金

銥可用於鋼筆的筆尖、講究嚴密尺寸的各種原器

Ir

©Wikipedia

在第10族元素中，鈀、鉑是鉑族元素裡特別有名的貴金屬，鉑通常會被稱為白金。鎳是鐵族元素的一員，可做各種應用的實用金屬。最外層的電子個數不盡相同，鎳有2個電子、鈀有0個電子、鉑有1個電子。三者皆是稀有金屬。

❶鎳Ni

鎳可用於多數的合金。不鏽鋼是鎳、鐵Fe、鉻Cr的合金；100日圓等白色硬幣是鎳、銅Cu的白銅合金，或者也會直接使用鎳金屬。

鐵鎳合金稱為不變鋼（invar），因熱膨脹小而運用於時鐘等物。鎳鐵鉬Mo合金稱為高導磁合金（permalloy），可用於變壓器的鐵芯。

鎳鈦合金是形狀記憶合金，鎳鎘電池是使用鎳和鎘Cd的蓄電池。

另一方面，鎳容易引起金屬過敏，且疑似具有致癌性。

❷鈀Pd

鈀和汞Hg的合金（汞齊）過去曾經作為牙科的治療材料，但因為汞具有毒性，最近已經逐漸不再使用。鈀具有儲氫性，能夠吸收自身體積935倍的氫。

除了是三效催化劑（參見9-7）的構成元素外，鈀也可作為各種反應的催化劑，例如以根岸教授與鈴木教教授獲頒2010年諾貝爾化學獎而聞名的交叉偶合反應（cross-coupling reaction）等。

❸鉑Pt

鉑是常用於珠寶飾品的貴金屬，同時也是現代科學的重要金

屬。除了是三效催化劑的原料外，氫燃料電池也需要鉑催化劑才能驅動。另外，鉑也可用於順鉑（cisplatin）等抗癌劑。

第10元素的電子組態

軌域\元素	K	L	M			N				O				P			
			3s	3p	3d	4s	4p	4d	4f	5s	5p	5d	5f	6s	6p	6d	6f
28　Ni	2	8	2	6	8	②											
46　Pd	2	8	2	6	10	2	6	10		⓪							
78　Pt	2	8	2	6	10	2	6	10	14	2	6	9		①			

○最外層電子

第10元素的物性

元素	比重	熔點〔℃〕	顏色
Ni	8.9	1,453	銀白色
Pd	12.02	1,552	銀白色
Pt	21.45	1,772	銀白色

第10元素／鎳、鈀、鉑的性質

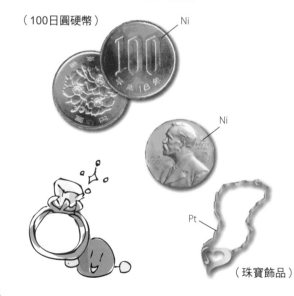

（100日圓硬幣）　Ni

Ni

Pt

（珠寶飾品）

鎳（Ni）
合金可用於硬幣、電池，也可當形狀記憶合金的金屬

鈀（Pd）
可作為交叉偶合反應等各種反應的催化劑

鉑（Pt）
除了珠寶飾品的價值外，也可用於燃料電池、抗癌劑

　　第11族元素集結了金、銀等具代表性的貴金屬，但皆不是稀有金屬，所有元素的最外層電子皆為1個。

❶銅Cu

　　銅是質地柔軟、具高導電性，與人類息息相關的金屬，重要到甚至劃分出了青銅器時代。

　　青銅又稱為古銅（bronze），是銅和錫Sn的合金。銅本身是巧克力色的金屬，但擦去生鏽後的銅綠（銅銹）就會變成青色，故又稱為青銅。銅綠的成分是$CuCO_3 \cdot Cu(OH)_2$，過去常迷信認為帶有劇毒，但現在已經證實為無毒。其他合金還有銅鋅合金的黃銅、銅鎳合金的白銅等等。

❷銀Ag

　　銀是金屬中最為潔白的金屬，也是全元素中導電性最高的元素，會與空氣中的硫成分反應變黑，因富含殺菌性可用於各種殺菌劑。在1大氣壓下，熔融態的銀能夠吸收自身體積20倍以上的氧。固化時會釋出氧，表面會出現痘疤狀的凹陷，所以為了防止出現凹陷，純銀需要在無氧狀態下製造。

❸金Au

　　金具有優異的耐腐蝕性，因能夠長期保持燦爛的光芒，而被視為是頂級的貴金屬。本身具有優異的延展性，1g的金可延展成2800公尺的金屬絲。金箔的厚度約為一萬分之1毫米，在光線透射下會呈現藍綠色。

　　金不會被酸、鹼侵蝕，但會與鹵素反應，或者溶於王水（鹽酸

和硝酸的混合物）、碘酒當中。另外，金也會溶於以劇毒聞名的氰化鈉NaCN水溶液中，可用於金屬鍍膜。

　　金硫基丁二酸鈉（商標名：SHIOSOL），是少數重要的風濕病治療藥。

第11族元素的電子組態

軌域 元素	K	L	M			N				O				P			
			3s	3p	3d	4s	4p	4d	4f	5s	5p	5d	5f	6s	6p	6d	6f
29　Cu	2	8	2	6	10	①											
47　Ag	2	8	2	6	10	2	6	10		①							
79　Au	2	8	2	6	10	2	6	10	14	2	6	10		①			

○最外層電子

第11族元素的物性

元素	比重	熔點〔℃〕	顏色
Cu	8.96	1,084	紅色
Ag	10.50	962	銀白色
Au	19.32	1,064	黃色

第11族元素／銅、銀、金的性質

銅（Cu）
具高傳導性的金屬，可用於青銅、黃銅、白銅等合金

銀（Ag）
導電性為全元素中最高的金屬，也可用於殺菌劑

金（Au）
因不易腐蝕的特性，成為廣受歡迎的貴金屬資產，本身也可用於金屬鍍膜、風濕病治療藥

（青銅像）

Cu

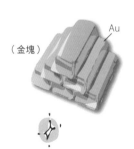
（金塊）

Au

（餐具）

Ag

銅、銀、金自古以來就是人類熟悉的元素

稀土元素

	1	2	3	4	5	6	7	8	9
1	1H 氫								
2	3Li 鋰	4Be 鈹							
3	11Na 鈉	12Mg 鎂							
4	19K 鉀	20Ca 鈣	21Sc 鈧	22Ti 鈦	23V 釩	24Cr 鉻	25Mn 錳	26Fe 鐵	27Co 鈷
5	37Rb 銣	38Sr 鍶	39Y 釔	40Zr 鋯	41Nb 鈮	42Mo 鉬	43Tc 鎝	44Ru 釕	45Rh 銠
6	55Cs 銫	56Ba 鋇	鑭系	72Hf 鉿	73Ta 鉭	74W 鎢	75Re 錸	76Os 鋨	77Ir 銥
7	87Fr 鍅	88Ra 鐳	錒系	104Rf 鑪	105Db 𨧀	106Sg 𨭎	107Bh 𨨏	108Hs 𨭆	109Mt 䥑

鑭系	57La 鑭	58Ce 鈰	59Pr 鐠	60Nd 釹	61Pm 鉕	62Sm 釤	63Eu 銪
錒系	89Ac 錒	90Th 釷	91Pa 鏷	92U 鈾	93Np 錼	94Pu 鈽	95Am 鎇

在第10章，我們要來討論第3族元素的稀土金屬。17種稀土元素中有15種是鑭系元素，後面會介紹其發光性、磁性、超導性等各種特徵。

10	11	12	13	14	15	16	17	18
								$_2$He 氦
			$_5$B 硼	$_6$C 碳	$_7$N 氮	$_8$O 氧	$_9$F 氟	$_{10}$Ne 氖
			$_{13}$Al 鋁	$_{14}$Si 矽	$_{15}$P 磷	$_{16}$S 硫	$_{17}$Cl 氯	$_{18}$Ar 氬
$_{28}$Ni 鎳	$_{29}$Cu 銅	$_{30}$Zn 鋅	$_{31}$Ga 鎵	$_{32}$Ge 鍺	$_{33}$As 砷	$_{34}$Se 硒	$_{35}$Br 溴	$_{36}$Kr 氪
$_{46}$Pd 鈀	$_{47}$Ag 銀	$_{48}$Cd 鎘	$_{49}$In 銦	$_{50}$Sn 錫	$_{51}$Sb 銻	$_{52}$Te 碲	$_{53}$I 碘	$_{54}$Xe 氙
$_{78}$Pt 鉑	$_{79}$Au 金	$_{80}$Hg 汞	$_{81}$Tl 鉈	$_{82}$Pb 鉛	$_{83}$Bi 鉍	$_{84}$Po 釙	$_{85}$At 砈	$_{86}$Rn 氡
$_{110}$Ds 鐽	$_{111}$Rg 錀	$_{112}$Cn 鎶	$_{113}$Nh 鉨	$_{114}$Fl 鈇	$_{115}$Mc 鏌	$_{116}$Lv 鉝	$_{117}$Ts 础	$_{118}$Og 氥
$_{64}$Gd 釓	$_{65}$Tb 鋱	$_{66}$Dy 鏑	$_{67}$Ho 鈥	$_{68}$Er 鉺	$_{69}$Tm 銩	$_{70}$Yb 鐿	$_{71}$Lu 鑥	
$_{96}$Cm 鋦	$_{97}$Bk 鉳	$_{98}$Cf 鉲	$_{99}$Es 鑀	$_{100}$Fm 鑽	$_{101}$Md 鍆	$_{102}$No 鍩	$_{103}$Lr 鐒	

　　週期表的第3族排列了4個元素名稱，上面的鈧Sc、釔Y為單獨元素，但下面的鑭系、錒系則分別是包含15個元素的元素群。

　　詳細元素另記於週期表本體外的副表，換言之，第3族是包含2＋15×2＝32個元素的大元素群。這些第3族元素群中，上面3個（族群）鈧、釔與15個鑭系元素，合計17個元素統稱為稀土元素或稀土金屬。

❶稀土金屬與稀有金屬

　　稀土金屬全部17個元素皆被歸類為稀有金屬，所以47種稀有金屬中，稀土金屬就占超過1/3，堪稱稀有金屬中的一大勢力。

　　如5-7、5-8所述，在現代科學中，稀有金屬扮演重要的角色。其中，稀土金屬展現出像是發光性、磁性、超導性等精密的性質。

❷鑭系收縮（lanthanide contraction）

　　鑭系元素的最大特徵是，彼此的物性宛若十五胞胎般相似，其原因就在於最外層的電子結構相同。

　　電子結構的差異出現在內兩層的電子層f軌域，這就像是所有警官都穿著同樣的制服，僅差在內褲的花色不同而已。

說到鑭系元素的物性，就一定要舉出鑭系收縮：原子直徑隨原子序增加而縮小的現象。如**4-1**所述，原子核的電荷會隨原子序增加，進而促使靜電引力增強，所以並非什麼不可思議的現象。原子核的影響會直接反映出來，也再次證明了各元素的電子雲其實並沒有什麼差別。

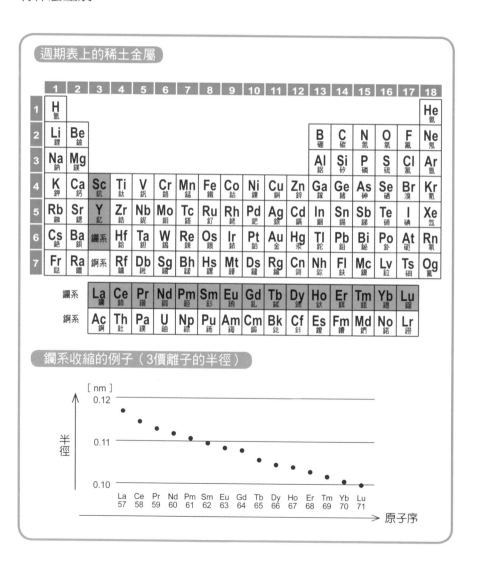

在上一節提到，稀土元素的特徵是彼此具有相似的物性。那麼，它們有多麼相似呢？我們就來討論所有元素的性質吧。

①稀土金屬的物性

下表統整了稀土元素的比重、熔點、單體和3價離子的顏色、地殼蘊藏量以及主要用途。

就比重而言，除了鈧Sc、釔Y外，鑭系元素的比重約落在6～9之間，鑭系元素的熔點也都約落在900～1500℃，兩者皆是彼此間性質相似的證明。

稀土金屬的性質

元素名	元素符號	比重	熔點	單體顏色
鈧	Sc	2.97	1,541	銀白色
釔	Y	4.47	1,522	銀白色
鑭	La	6.14	921	銀白色
鈰	Ce	8.24	799	銀白色
鐠	Pr	6.77	931	淡黃綠色
釹	Nd	7.01	1,021	紅紫色
鉕	Pm	7.22	1,168	淡紅色
釤	Sm	7.52	1,077	淡黃色
銪	Eu	5.24	822	淡紅色
釓	Gd	7.90	1,313	銀白色
鋱	Tb	8.23	1,356	淡紅色
鏑	Dy	8.55	1,412	淡黃綠色
鈥	Ho	8.80	1,474	黃色
鉺	Er	9.07	1,529	粉紅色
銩	Tm	9.32	1,545	淡綠色
鐿	Yb	6.97	824	銀白色
鎦	Lu	9.84	1,663	銀白色

鑭系元素還有另一項特徵,單體及離子皆帶有獨特的美麗顏色。

❷在資源方面的性質

稀土金屬是現代科學產業不可或缺的資源,圍繞這些稀有資源的國際爭奪戰,也正處於一觸即發的狀態。

就地殼蘊藏量而言,鈰Ce是蘊藏量最多的稀土金屬,蘊藏量60ppm在全元素中排名第25名。銩Tm、鎦Lu是蘊藏量最少的稀土金屬,蘊藏量0.5ppm,排名約落在第60名,但仍比汞Hg的0.2ppm(第65名)、金Au和鉑Pt的0.005ppm(第74、75名)還要多,相較於使用於金屬鍍膜,僅有0.001ppm的銠Rh(第79名),算是含量豐富了。關於蘊藏量的問題,下一節再做更深入的討論。

	3價離子顏色	蘊藏量ppm(名次)	用途
	無色	23(31)	輕量合金
	無色	33(27)	YAG雷射
	無色	30(28)	密鈰合金(misch metal)、儲氫合金、光學玻璃
	無色	60(25)	密鈰合金、儲氫合金、螢光材料
	綠色	8.2(38)	陶瓷器釉藥(黃色)
	淡紫色	28(29)	YAG雷射、磁鐵
	淡紅色	—	核電池、螢光材料
	黃色	6(40)	磁鐵、化學反應催化劑
	淡紅色	1.2(56)	螢光材料、磁性材料
	無色	5.4(41)	磁性材料、原子爐控制棒
	淡紅色	0.9(58)	磁性材料
	黃色	3(44)	磁性材料、螢光材料
	黃色	1.2(57)	YAG雷射添加劑
	淡紫色	2.8(47)	光纖、著色玻璃
	綠色	0.5(60)	光纖、著色玻璃、輻射線量測器
	無色	3.4(42)	無色　YAG雷射添加劑
	無色	0.5(61)	無色　實驗用材料

據說，日本使用的稀土金屬有90％是來自於中國，難道世界上僅有中國生產稀土金屬嗎？

❶稀土金屬的礦石

如同所有的金屬一般，稀土金屬也是以礦石的形式存在於自然界。不過稀有金屬特殊的地方是，在1種礦石中混雜了複數的稀土金屬。

目前已發現4種礦石含有稀土金屬，分別是氟碳鈰鑭礦（Bastnaesite）、磷鈰鑭礦（Monazite）、磷釔礦（Xenotime）、離子吸附型礦。各礦石含有的稀土金屬種類如下表所示，氟碳鈰鑭礦、磷鈰鑭礦分別含有超過10％高比例的鑭La、鈰Ga、釹Nd。另一方面，離子吸附型礦主要含有釔Y、鑭、釹，而磷釔礦則是較平均地含有複數種類的稀土金屬。

❷稀土金屬的生產國

右頁下圖標示了4種礦石目前主要的生產國：中國、印度、馬來西亞、澳洲、美國。然而，人們認識到稀土金屬的重要性是最近幾年的事情，隨著大規模廣範圍的精密探索，往後也有可能會在其他國家發現稀土金屬。不過，現在最被看好的地區是歐亞大陸內陸地區，中國的優勢地位可能還是不會被動搖。

現今，包含美國在內的多數國家，都是從中國進口稀土金屬。這不是因為僅有中國生產稀有金屬的關係，最大的理由應該是僅有中國將其直接精煉成產品。

　　精煉稀土金屬需要大量的電力、勞力，而且還有可能衍生許多環境問題，目前這些問題就只有中國能夠適當地解決。

礦石的稀土金屬（稀土元素）含有率

	Y	La	Ce	Pr	Nd	Sm	Eu	Gd	Tb	Dy	Ho	Er	Tm	Yb	Lu
氟碳鈰鑭礦	△	◎	◎	○	◎	△	△	△	△	△	△	△	△	△	△
磷鈰鑭礦	○	◎	◎	○	◎	○	△	○	△	△	△	△	△	△	△
磷釔礦	◎	△	△	△	△	○	△	○	○	○	○	○	△	○	△
離子吸附型礦	◎	○	○	○	◎	○	△	○	△	○	△	△	△	△	△

【氧化物的含有率】　△：0～1%、○：1～10%、◎：10%～

稀土金屬的生產地區

● 氟碳鈰鑭礦
● 磷鈰鑭礦
● 磷釔礦
● 離子吸附型礦

中國　美國　印度　馬來西亞　澳洲

稀土金屬的發光性

　　在陰極射線管的彩色電視普及後，某日本家電廠推出了「Kidokara」系列的電視，能夠呈現鮮明美麗的色彩。系列名稱中的「Kido」，在日文同時有表示明亮的「輝度」與稀土元素的「稀土」的雙重意思。名字的來源是因為塗於陰極射線管的螢光物質中含有稀土元素。

❶ 發光性

　　金屬藉由電子發光的現象，也運用於日常生活當中的汞燈（螢光燈）、鈉燈等物品上。其發光原理是，讓處於穩定的一般狀態（基態）、填進低能階軌域a的電子，吸收電能ΔE躍升至高能階軌域b轉為激發態。

　　然而，處於激發態的電子不穩定，會再次返回原本的軌域轉為基態，過程中，釋放的多餘能量ΔE會變成光。因此，發光的光波長（顏色）跟軌域a、b間的能階差ΔE有關。

　　在稀土金屬中，軌域a、b都是f軌域，兩者的能階差正好等於可見光的能量。現今電視使用的發光劑（螢光劑），其種類與發光顏色可統整成右邊的表格。

❷ 雷射

　　在各種材料的切割及醫療手術上，雷射是不可欠缺的工具。雷射是光的一種，因具有相同的波長與相位而具有強大的能量。在雷射光的光源方面，稀土金屬也是不可欠缺的元素，尤其需求甚高的

YAG雷射，其基本成分是釔Y、鋁Al，呈現柘榴石（garnet）型的晶體結構。然而，醫療用的雷射會根據用途，添加釹Nd、鉺Er、銩Tm、鈥Ho等元素，宛若是稀土金屬的綜合展場般。

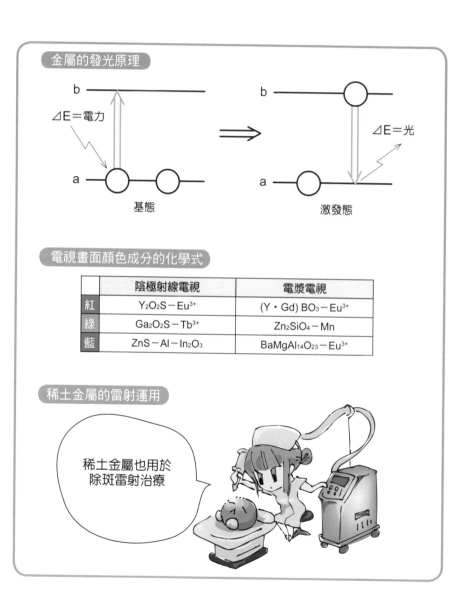

金屬的發光原理

ΔE＝電力　　基態　　激發態　　ΔE＝光

電視畫面顏色成分的化學式

	陰極射線電視	電漿電視
紅	$Y_2O_2S-Eu^{3+}$	$(Y \cdot Gd)BO_3-Eu^{3+}$
綠	$Ga_2O_2S-Tb^{3+}$	Zn_2SiO_4-Mn
藍	$ZnS-Al-In_2O_3$	$BaMgAl_{14}O_{23}-Eu^{3+}$

稀土金屬的雷射運用

稀土金屬也用於除斑雷射治療

在現今資訊社會，人們使用磁鐵記錄各種資訊。磁鐵分為永久磁鐵和電磁鐵，前者多是使用稀土金屬的稀土磁鐵，後者則多為運用超導性的超導磁鐵，而超導磁鐵也是稀土金屬活躍的舞台。

❶ 磁性

永久磁鐵有很長一段時間都使用鋁鎳鈷磁鐵（參見9-7），但在1984年日本發明使用稀土元素的稀土磁鐵後，情況便為之一變。以鐵Fe、硼B、釹Nd為原料的釹磁鐵，成為了現代最強力的磁鐵，用於手機、電動車等的各種馬達。

另外，以釤Sm和鈷Co作成的釤鈷磁鐵，本身也具有高耐熱性的優點。如上所述，在磁鐵世界中，稀土元素是不可欠缺的要素。

❷ 超導性

超導是指在沒有電阻的狀態下，某種金屬、金屬氧化物的燒結體冷卻至一定溫度以下所會呈現的狀態。

在超導狀態下，線圈能夠在無電阻、不發熱的情況下流通大電流，可製作成強力電磁鐵、超導磁鐵。現今，超導性方面的運用大多跟超導磁鐵有關，可用於拍攝腦部斷層掃描的MRI、日本中央新幹線的懸浮列車等等。

❸ 高溫超導體

稀土金屬的鈧Sc、釔Y會在高壓下展現超導性，而鑭系元素全部會在常壓下展現超導性。

超導體過去遇到的難題是，臨界溫度大多低至個位數字的絕對溫度，冷媒僅能夠使用液態氦（沸點4K、$-269°C$）。因此，人們

不斷努力開發臨界溫度超過液態氮溫度（77K、－197℃）的高溫超導體。

結果，1986年觀察到稀土金屬鑭的La-Ba-Cu-O燒結體，其臨界溫度約為30 K，就此拉開高溫超導體競爭的序幕。然後，隔年1987年開發出使用稀土金屬釔的Y-Ba-Cu-O混合物，觀察到其臨界溫度約為90K。

現今實驗室等級的超導體，臨界溫度據說提升至160K左右，但由於無法作成線圈，尚未達到實用化的階段。

展現超導現象的元素

灰色：常壓下展現超導性的元素
淺灰色：高壓下展現超導性的元素

各種超導體的臨界溫度

臨界溫度（K）

分類	超導體	臨界溫度
金屬	Pb	~7
金屬	Nb	~9
金屬化合物	Nb3Sn	~18
金屬化合物	Nb3Ge	~23
銅氧化物	(LaSr)2CuO4	~40
銅氧化物	YBa2Cu3O7	~90
銅氧化物	Bi2Sr2Ca2Cu3O10	~110
銅氧化物	Ti2Bi2Ca2Cu3O10	~125
銅氧化物	HgBa2Ca2Cu3O8	~135

錒系元素

	1	2	3	4	5	6	7	8	9
1	₁H 氫								
2	₃Li 鋰	₄Be 鈹							
3	₁₁Na 鈉	₁₂Mg 鎂							
4	₁₉K 鉀	₂₀Ca 鈣	₂₁Sc 鈧	₂₂Ti 鈦	₂₃V 釩	₂₄Cr 鉻	₂₅Mn 錳	₂₆Fe 鐵	₂₇Co 鈷
5	₃₇Rb 銣	₃₈Sr 鍶	₃₉Y 釔	₄₀Zr 鋯	₄₁Nb 鈮	₄₂Mo 鉬	₄₃Tc 鎝	₄₄Ru 釕	₄₅Rh 銠
6	₅₅Cs 銫	₅₆Ba 鋇	鑭系	₇₂Hf 鉿	₇₃Ta 鉭	₇₄W 鎢	₇₅Re 錸	₇₆Os 鋨	₇₇Ir 銥
7	₈₇Fr 鍅	₈₈Ra 鐳	錒系	₁₀₄Rf 鑪	₁₀₅Db 𨧀	₁₀₆Sg 𨭎	₁₀₇Bh 𨨏	₁₀₈Hs 𨭆	₁₀₉Mt 䥑

	鑭系	₅₇La 鑭	₅₈Ce 鈰	₅₉Pr 鐠	₆₀Nd 釹	₆₁Pm 鉕	₆₂Sm 釤	₆₃Eu 銪
錒系元素 →	錒系	₈₉Ac 錒	₉₀Th 釷	₉₁Pa 鏷	₉₂U 鈾	₉₃Np 錼	₉₄Pu 鈽	₉₅Am 鋂

在第11章，我們要來看看錒系元素。錒系元素包含鈾、鈽、針等輻射性元素，可說是核能發電問題上備受關注的元素群，當中混雜了自然存在的元素和人工製造的元素。

10	11	12	13	14	15	16	17	18
								₂He 氦
			₅B 硼	₆C 碳	₇N 氮	₈O 氧	₉F 氟	₁₀Ne 氖
			₁₃Al 鋁	₁₄Si 矽	₁₅P 磷	₁₆S 硫	₁₇Cl 氯	₁₈Ar 氬
₂₈Ni 鎳	₂₉Cu 銅	₃₀Zn 鋅	₃₁Ga 鎵	₃₂Ge 鍺	₃₃As 砷	₃₄Se 硒	₃₅Br 溴	₃₆Kr 氪
₄₆Pd 鈀	₄₇Ag 銀	₄₈Cd 鎘	₄₉In 銦	₅₀Sn 錫	₅₁Sb 銻	₅₂Te 碲	₅₃I 碘	₅₄Xe 氙
₇₈Pt 鉑	₇₉Au 金	₈₀Hg 汞	₈₁Tl 鉈	₈₂Pb 鉛	₈₃Bi 鉍	₈₄Po 釙	₈₅At 砈	₈₆Rn 氡
₁₁₀Ds 鐽	₁₁₁Rg 錀	₁₁₂Cn 鎶	₁₁₃Nh 鉨	₁₁₄Fl 鈇	₁₁₅Mc 鏌	₁₁₆Lv 鉝	₁₁₇Ts 础	₁₁₈Og 氭
₆₄Gd 釓	₆₅Tb 鋱	₆₆Dy 鏑	₆₇Ho 鈥	₆₈Er 鉺	₆₉Tm 銩	₇₀Yb 鐿	₇₁Lu 鎦	
₉₆Cm 鋦	₉₇Bk 鉳	₉₈Cf 鉲	₉₉Es 鑀	₁₀₀Fm 鐨	₁₀₁Md 鍆	₁₀₂No 鍩	₁₀₃Lr 鐒	

主要錒系元素的性質

在週期表的第3族元素中，排進最下面的元素群，原子序89的錒到原子序103的鐒等15個元素為錒系元素，本身不穩定且帶有輻射性。

在錒系元素中，僅前面6個元素存在一定的自然蘊藏量，剩餘的元素皆是經由人工合成，但產量非常微少，尚未明確判定物性及反應性。

❶錒Ac

錒會釋放強力的 α 射線（參見1-7），在黑暗中會發出藍白色的光芒。同位素的組成幾乎100％都是半衰期21.8年的^{227}Ac，最終會從鈾的衰變中補充，所以能夠持續存在於自然界中。鈾→釷→鐳→錒的衰變變化順序，稱為錒衰變系（actinium decay series）。

❷釷Th

除了帶有劇毒外，釷的粉末氧化後會自然起火，是未來受到注目的原子爐燃料。在生產量多的印度，據說已經開始使用來運轉實驗爐。

❸鏷Pa

鏷是比重15.37、熔點1575℃的銀白色金屬，由於本身帶有劇毒，且釋出的 α 射線具有強烈的致癌性，幾乎沒有什麼實際的用途。

❹鈾U

鈾是原子爐的燃料，細節留到下一節再討論。

⑤ 錼 **Np**

錼是原子爐反應中鈾生成鈽時的中間產物，除了當作核電池的熱源外，目前沒有其他明顯的用途。

⑥ 鈽 **Pu**

鈽是帶有劇毒的物質，原子核衰變會產生熱，當量超過一定程度便可使周圍變溫暖，集結的巨大團塊能夠使水沸騰。鈽含於原子爐的核廢料中，可作為原子彈的材料或快滋生反應爐的燃料。

錒系元素的物性

元素	比重	熔點〔℃〕	顏色
Ac	11.06	1,050	銀白色
Th	11.72	1,750	銀白色
Pa	15.37	1,575	銀白色
U	18.95	1,130	銀白色
Np	20.25	640	銀白色
Pu	19.84	713	銀白色

錒衰變系

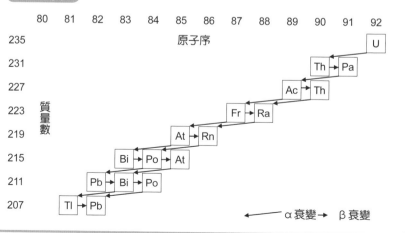

在鋼系元素中，鈾U當屬最為重要的元素。鈾是核分裂原子爐不可欠缺的燃料，但自福島第一核電廠事故後，輻射能的威脅備受關注，大家紛紛議論起原子爐的必要性與應有形式。

❶ 原子爐

原子爐分為利用核融合的核融合爐，與利用核分裂的核分裂爐。核融合爐是利用4個氫原子核融合成1個氦原子時產生的能量，但尚處於實驗階段，距離實用還有一大段距離。

核分裂爐（後稱原子爐）是利用大原子核分裂時產生的能量，目前運轉中的原子爐都屬於這種類型。除了普通的原子爐外，原子爐還有快滋生反應爐，快滋生反應爐是使用鈽Po作為燃料；普通的原子爐是使用鈾U作為燃料。

雖然未來也有規劃以釷Th為燃料的原子爐，但目前尚未實現。另外，目前已經有以鈾、鈽為混合燃料的鈽熱中子反應器（Plutonium thermal-neutronreactor），但這被歸類為普通的原子爐。

❷ 鈾的核分裂

天然鈾有3個同位素 ^{234}U、^{235}U、^{238}U，就元素豐度而言，^{238}U 就占了99.3％，而 ^{235}U 則僅有0.7％，但只有 ^{235}U 可作為原子爐的燃料。

因此，若想要以鈾作為原子爐的燃料，就必須將 ^{235}U 的濃度提升數個百分比，這個過程稱為濃縮。由於同物素的化學性質相似，僅能夠以物理手段進行濃縮，先讓鈾轉為氣體的六氟化鈾 UF_6，再藉由高速離心分離器分成數個階段分離。

　　無法作為燃料的^{238}U稱為耗乏鈾（depleted uranium），其比重大的性質可用於具強大貫穿力的子彈、穿甲彈、潛入地底後爆炸的特殊炸彈等等。

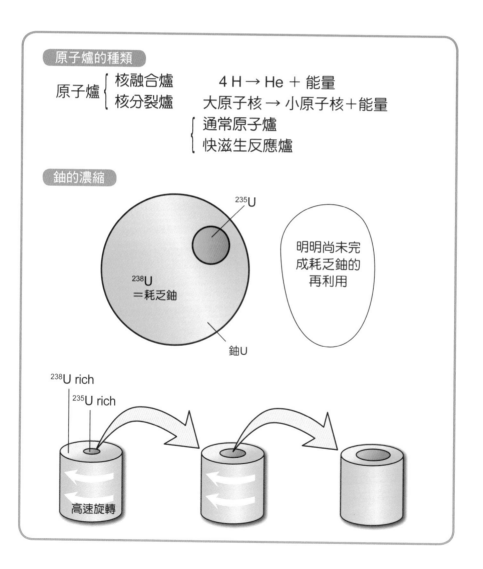

鈾的最大特徵是，會進行分支連鎖反應（分支鏈反應：branched chain reaction）。

❶鈾與中子的反應

中子衝撞^{235}U後，鈾原子核會分裂成數個小的原子核（核分裂產物），同時產生龐大的能量與數個中子（假設有N個）。這些中子再衝撞其他N個^{235}U，所以又會分別產生龐大的能量與N個中子。

如此反應幾個世代後（n代），會呈現指數的爆炸性增長（N^n），這就是原子彈的原理。

不過，核分裂的爆炸增長發生在中子個數N＞1時，如果N＝1，無論經過幾世代，反應都是相同規模的推移；如果N＜1，反應最後就會收斂結束。

這簡單的差異，就是區別原子彈和原子爐的決定性關鍵。

❷臨界量

鈾並非單一原子，而是以鈾金屬形式存在，是有龐大個數的原子團塊。如1-3所述，相較於原子的大小，原子核渺小到幾乎可以忽視。朝向鈾團塊發射的中子，得打到原子核才會誘發核分裂反應，但該機率可說是微乎其微。

如果鈾的團塊太小，中子會從原子核的旁邊直接穿過團塊。想要讓進入鈾團塊的中子順利衝撞原子核的話，團塊必須達到某種程度的大小，此時的鈾質量就稱為臨界質量（critical mass）。

　　換言之，只要超過臨界質量，鈾就會自行發生爆炸。因此，鈾絕對不可以儲存超過臨界質量。然而，1999年茨城縣東海村的臨界事故，就是輕忽這項鐵則，讓鈾超過臨界質量，造成明顯本來不應該發生的事故。

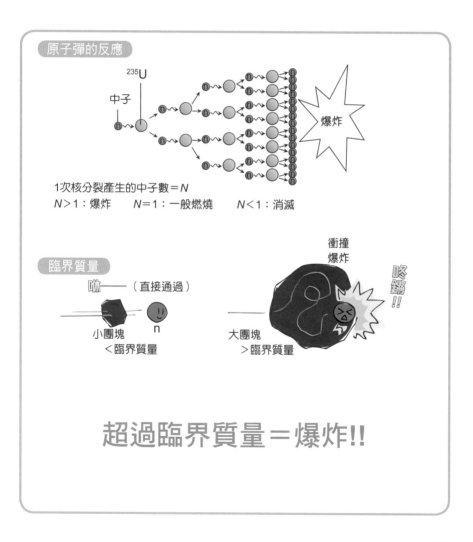

接著討論如何使用鈾U組裝原子爐。理論上，只要累積超過臨界質量的鈾（燃料棒），就會進行核分裂的連鎖反應。然而，這樣只會形成會爆炸的原子彈，而不是原子爐。

❶控制棒

為了作成原子爐而不是原子彈，如上一節所述，得讓1次核分裂產生的中子數N小於1。然而，N是自然分裂的結果，沒有辦法經由人為改變。我們能夠做的事僅有讓中子吸附至某樣東西上以除去，這個吸收材料稱為（中子）控制棒。

❷減速劑

核分裂產生的中子是具有高動能且飛行快速的快中子。然而，^{235}U不容易與快中子反應，想要增加反應效率，必須降低速度來形成慢中子（熱中子）。這個用來降低速度的材料稱為減速劑。

然而，中子不會感應電力、磁力，只能夠利用衝撞物體來降低速度。若物體的質量過大，中子衝撞後僅會以相同的速度反彈。若想要降低速度，需要衝撞與中子質量相近的物質。氫原子H是最適當的物質，所以會用水H_2O作為減速劑。

❸冷卻材

核能發電是以原子爐產生的熱驅動發電機，發電原理跟火力發電機完全一樣，原子爐就相當於火力發電中的鍋爐部分。

　　將原子爐產生的熱傳導至發電機的加熱介質，就稱為冷卻劑。冷卻劑通常也會使用水，亦即水同時兼具冷卻劑和減速劑的作用。

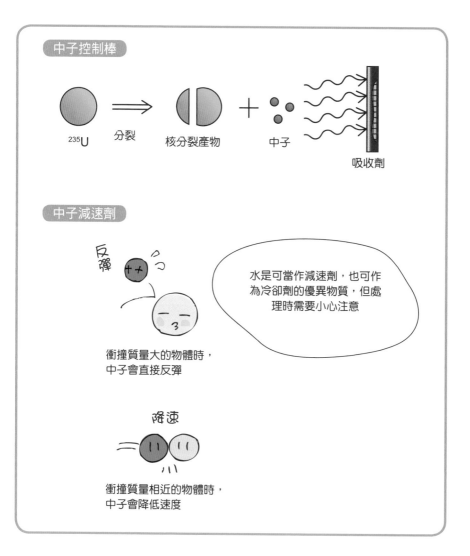

中子控制棒

^{235}U　分裂　核分裂產物　＋　中子　　　吸收劑

中子減速劑

反彈

水是可當作減速劑，也可作為冷卻劑的優異物質，但處理時需要小心注意

衝撞質量大的物體時，中子會直接反彈

降速

衝撞質量相近的物體時，中子會降低速度

11-5 原子爐的結構與運轉

這節來討論原子爐的內部結構與運轉情況。

❶原子爐的結構

右頁圖是最簡化的原子爐結構，在鈾團塊的燃料棒間插入控制棒，讓控制棒能夠上下運動。

在原子爐的周圍圍起一次冷卻水，經由熱交換器將熱傳導至二次冷卻水，不讓本體暴露至收納庫外側。原子爐外圍的收納容器就宛若防護罩一樣，能防止產生的輻射線外漏。

❷原子爐的運轉

燃料棒間插入控制棒的狀態下，原子爐內需要有充分的中子才會引發核分裂。隨著拔起控制棒的動作，中子會跟著增加而誘發核分裂。當達到適量的中子數後，原子爐就會開始穩定運轉。如上所述，原子爐的輸出是以控制棒的上下運動來控制。

原子爐所產生的能量（熱），會經由冷卻水傳導至發電機，但遍布原子爐各個角落的一次冷卻水，可能遭到輻射線汙染。因此，為了僅傳導熱至收納容器外側，並將冷卻水本身留於收納容器內側，會藉由熱交換器將熱傳導至二次冷卻水。

❸核分裂廢料

原子爐運轉後，會伴隨產生各種核分裂廢料。這相當於原子彈的「死灰」，是具高輻射能的危險物，需要嚴格管理。然後，核廢料會隨著原子爐的運轉日益增加，最後就必須考慮該如何排放核廢料。

　　運轉壽命結束的原子爐會遭到廢棄，但因為其爐內堆積了大量的輻射性物質，其中也有長半衰期的物質，所以原子爐必須受到長期的監管，直到這些物質的輻射能降至自然等級以下。

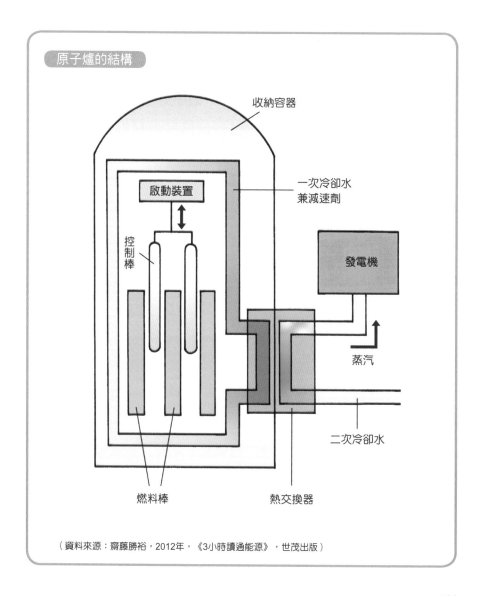

原子爐的結構

（資料來源：齋藤勝裕，2012年，《3小時讀通能源》，世茂出版）

原子序92以後的原子稱為超鈾元素。因此，除了鋼系元素，第4族元素以後也有超鈾元素存在，包含原子序118、第18族元素Oganesson，目前已經發現各式各樣的超鈾元素。

❶超鈾元素的性質

如1-4所述，原子核有穩定和不穩定的差別，比鐵Fe小的原子核不穩定，但比鐵大的原子核也不穩定，大的原子核會分裂衰變成小的穩定核，通常會變成鉛Pb的同位素。

因此，原子序大的超鈾元素，即便是經由原子爐人工製造，也會馬上衰變而無法確認其物性及反應性。儘管如此，原子序接近92的原子較為穩定，細節如前面所述。

❷新元素的命名法

元素的命名法是一個原子序對應一個名稱，經由IUPAC（國際純化學和應用化學聯合會）嚴格決定。

不過，元素的「正式名稱」沒有相關的命名法，由最先發現者決定「相稱的」名稱，再經由IUPAC學會認證，才決定該名稱為正式的名稱。然而，在確定正式名稱之前，確認元素的再現性等過程會耗費相當多的時間。

於是，在確定正式名稱之前，元素會先取一個暫定名稱。暫定的元素名稱取法有如下嚴格的規則，必須由原子序來決定。

　　根據下表找出原子序對應的數詞，最後字尾再加上ium，但遇到相同的母音相鄰時，則要消去其中一個字母。然後，元素符號會是各數詞的字頭，再將第一個字頭改為大寫。

　　例如，原子序為125的元素名稱會是，1（un）＋2（bi）＋5（pent）＋ium＝unbipentium，元素符號記為Ubp。

元素的命名法

數	0	1	2	3	4	5	6	7	8	9
數詞	nil	un	bi	tri	quad	pent	hex	sept	oct	enn
音標	[nil-]	[ən-]	[bai-]	[trai-]	[kwɑd-]	[pɛnt-]	[hɛks-]	[sɛpt-]	[ɑkt-]	[ɛn-]

第113個發現的元素（現在的鉨）

在決定正式名稱前，曾經稱為

1（un）＋1（un）＋3（tri）＋ium＝ununtrium（元素符號Unt）

　　宇宙中所有物質都是由元素構成，現今已經確定的物質幾乎都由90種元素組成。然而，調查後會發現，元素的種類不只有90種。那不形成物質的元素是什麼樣的元素呢？它們又具有什麼樣的性質呢？

❶Nipponium

　　在尚未發現所有自然界元素的時期，世界各地的科學家都在爭相尋找新的元素。

　　在這樣的時空背景下，日本科學家小川正孝於1994年宣布發現了新的元素，並將這個原子序43的新元素命名為「Nipponium」。然而令人遺憾的是，這個元素的原子序並非是43，Nipponium也如夢幻般消失了。

　　直到最近幾年，調查小川先生遺留的「Nipponium」X光影像，才得知那其實是原子序75的錸Re。換言之，小川先生發現的元素不是原子序43（後來命名為鎝），而是原子序75的錸。

　　然而，這個元素已經由他人「被發現」，並於1925年正式命名為錸。若小川先生當時將這個元素「正確地」發表為75號元素，錸（Technetium）可能變成「Nipponium」了吧。

❷鍅的發現

　　在發現所有自然界元素的現代，宣布發現新的元素就等同於創造了新的元素。這是媲美希臘神話普羅米修斯（Prometheus）的功績，若研究機關達成此項成就，則代表國家具有完成這般偉業的科學能力及技術能力。

日本的理科學研究所持續不斷地研究新元素的創造，終於在2004年以下述反應成功造出第113號元素。該元素跟其他人造元素一樣極度不穩定，半衰期僅有3.44×10^{-4}秒＝$344\,\mu$秒，所以依舊無法確認其化學性質及物理性質。

$$_{30}Zn + _{83}Bi = _{113}Nh + _0 n$$

這項偉業也由各國的研究機關進行驗證，確認真的能夠製造該元素後，於2016年正式命名為鉨（Nihonium）。

目前發現的元素到原子序118，究竟還能夠發現（合成）多大的元素呢？這沒有明確的答案，但在理論上似乎能夠一直到第173號元素，新元素創造的競爭可能還會繼續持續下去。

小川正孝

理科學研究所仁科加速研究中心的「第113號元素的專屬頁面」
www.nishina.riken.jp/113/

《参考文献》

齋藤勝裕（2003）『絶対わかる無機化学』講談社
齋藤勝裕（2005）『絶対わかる量子化学』講談社
齋藤勝裕（2005）『はじめての物理化学』培風館
齋藤勝裕（2005）『物理化学』東京化学同人
齋藤勝裕・長谷川美貴（2005）『無機化学』東京化学同人
齋藤勝裕（2007）『理系のためのはじめて学ぶ無機化学』ナツメ社
齋藤勝裕（2007）『理系のためのはじめて学ぶ物理化学』ナツメ社
齋藤勝裕（2009）『へんな金属すごい金属～ふしぎな能力をもった金属たち～』技術評
　論社
齋藤勝裕（2009）『わかる×わかった！　量子化学』オーム社
齋藤勝裕・増田秀樹（2010）『わかる×わかった！　無機化学』オーム社
齋藤勝裕（2011）『休み時間の物理化学』講談社
齋藤勝裕（2008）『金属のふしぎ』SBクリエイティブ
齋藤勝裕（2009）『レアメタルのふしぎ』SBクリエイティブ
齋藤勝裕（2010）『知っておきたいエネルギーの基礎知識』SBクリエイティブ
齋藤勝裕（2011）『知っておきたい放射能の基礎知識』SBクリエイティブ
齋藤勝裕（2011）『マンガでわかる元素118』SBクリエイティブ
笹田義夫・大橋裕二・斎藤喜彦 編（1989）『結晶の分子科学入門』講談社
セオドア・グレイ（2010）『世界で一番美しい元素図鑑』若林文高 監修、武井摩利
　訳、創元社
高木仁三郎（2010）『元素の小辞典』岩波書店
富永裕久（2006）『図解雑学 元素』ナツメ社
満田深雪（2009）『元素周期―萌えて覚える化学の基本』PHP研究所
寄藤文平（2009）『元素生活―Wonderful Life With The ELEMENTS』化学同人

索　引

十三劃

Note

國家圖書館出版品預行編目(CIP)資料

週期表一讀就通/齋藤勝裕作；衛宮紘譯. --
初版. -- 新北市：世茂出版有限公司, 2022.03
　面；　公分. -- (科學視界；266)
譯自：周期表に強くなる！：身近な例から知
る元素の構造と特性　改訂版

　ISBN 978-986-5408-78-7（平裝）

1.元素 2.元素週期表

348.21　　　　　　　　　　　110021168

科學視界266

週期表一讀就通

作　　　者/齋藤勝裕
譯　　　者/衛宮紘
主　　　編/楊鈺儀
責任編輯/陳美靜
封面設計/林芷伊
出 版 者/世茂出版有限公司
地　　　址/(231)新北市新店區民生路19號5樓
電　　　話/(02)2218-3277
傳　　　真/(02)2218-3239（訂書專線）
劃撥帳號/19911841
戶　　　名/世茂出版有限公司
　　　　　　單次郵購總金額未滿500元（含），請加80元掛號費
世茂網站/www.coolbooks.com.tw
排版製版/辰皓國際出版製作有限公司
印　　　刷/辰皓彩色印刷股份有限公司
初版一刷/2022年3月
　　二刷/2024年1月

ＩＳＢＮ/978-986-5408-78-7
定　　　價/380元